情绪空间

写给室内设计师的空间心理学

夏然 编著

江苏凤凰科学技术出版社

图书在版编目（CIP）数据

情绪空间：写给室内设计师的空间心理学 / 夏然编著. -- 南京：江苏凤凰科学技术出版社，2019.3

ISBN 978-7-5713-0071-5

Ⅰ. ①情… Ⅱ. ①夏… Ⅲ. ①室内装饰设计－环境心理学－研究 Ⅳ. ①TU238.2-05

中国版本图书馆CIP数据核字(2019)第008996号

情绪空间　写给室内设计师的空间心理学

编　　著	夏　然
项目策划	凤凰空间/刘立颖
责任编辑	刘屹立　赵　研
特约编辑	刘立颖
美术编辑	李　迎
出版发行	江苏凤凰科学技术出版社
出版社地址	南京市湖南路1号A楼，邮编：210009
出版社网址	http://www.pspress.cn
总 经 销	天津凤凰空间文化传媒有限公司
总经销网址	http://www.ifengspace.cn
印　　刷	天津图文方嘉印刷有限公司
开　　本	787 mm×1 092 mm　1/16
印　　张	8.75
版　　次	2019年3月第1版
印　　次	2019年3月第1次印刷
标准书号	ISBN 978-7-5713-0071-5
定　　价	49.80元

图书如有印装质量问题，可随时向销售部调换（电话：022-87893668）。

前 言

达尔文在《物种起源》一书中曾经指出："一切肉体和精神禀赋都将经进化而趋于完善。"在该书的结尾，他说："我看到未来更为重要且广阔的研究领域，心理学将稳固地建立在斯宾塞先生已充分奠定的基础上，智力和智能必由阶梯途径获得。"每每读到这句话，我都情不自禁地想到情绪空间研究对于人们生活质量的提高是何等重要。"必要获得"是一种大概率事件，90%以上或已在逐步实现的过程中，越来越多的人不知不觉地在生活、工作和学习过程中，在自己的人生和家庭生活中融入情绪空间的概念。"心理力量"实际上是人们在面对各种情绪问题时所产生的自我认知和强力调节的能力，内观身体的和谐，这种心理力量在"新知识"空间元素的情绪分析结构理论中得到碰撞与实践，这便是空间对情绪的作用力。达尔文的言论对当今时代具有很强的指导意义，也为情绪空间的理论研究提供了强有力的理论溯源。

其实，情绪空间一直存在，感知它、读懂它、运用它、超越它，这是一门复杂且系统的科学。环境心理学家谈道：我们只是把这个概念提出来，希望更多的人注意它的存在好了解它、钻研它，让它从无形变为有形。在这个竞争激烈的社会，情绪问题愈发突出，心理疾病患者数量日益增多，压抑、焦躁、发泄、忙碌、强迫症、拖延症等各类症候群接踵而至，情绪空间的最大价值就是让人类的生活更舒适，而针对情绪空间的深入研究，也能为人类的未来创造更多的福祉。

然而，每个个体具有特殊性，情绪方案必须量身定制。在大众传播中，我们尽可能以共性的方式进行探讨和交流，让更多的人关注情绪空间理论。20世纪30年代，受达尔文和詹姆士学派的影响，情绪生理学研究应运而生，学者们关注生理激活的研究以及生理激活在情绪产生中的作用，把激活和唤醒概念纳入理论框架，成为后来许多情绪心理学家构思和概念形成的重要组成部分。空间元素与情绪的相互作用，包括促进、刺激、应急、感染、疗愈等，其实就是一种生理激活或情绪诱发反应。笔者认为，设计师不应该单纯地从美学角度来衡量设计的存在感。从社会责任的角度而言，设计师应该具备心理学相关专业的基础素养，以便很好地掌握人的心理，打造积极、良好的疗愈性空间。

越来越多的设计师开始关注情绪空间，即条件反射性地规避危险，趋吉避凶，评估那些具有重要意义的“刺激物”，这必然促使情绪空间相关研究的诞生。

夏然
2019年1月于中国科学院心理研究所和谐楼

目录

第一章 什么是情绪

功能主义把情绪定义为个体与环境意义事件之间关系的心理现象（Campos,1983）。阿诺德把情绪定义为对趋向知觉为有益的、离开知觉为有害的东西的一种体验倾向（Arnold,1960）。冯特(Wundt)于1896年提出“情绪三维学说”，他认为感情过程由三对情感元素构成：愉快—不愉快、兴奋—沉静、紧张—松弛。

第一节 情绪的产生及由来

早在2000多年前，我国古代中医就对心身的概念有许多精辟的论述。七情，即喜、怒、忧、思、悲、恐、惊，中医称为“情志”。情绪(emotion)这一术语，按照蒙芮(Murray, 1888)字典的解释，来自拉丁文e(外)和movere(动)，意思是从一个地方向外移动到另一个地方。“emotion”一词的原义是活动、搅动、骚动或扰动。由于情绪本身的复杂性和不可控性，各个学派对其有不同的理解。

北京大学心理学系孟昭兰教授在1989年出版的《人类情绪》一书中把情绪描述为："情绪是多成分组成、多维量结构、多水平整合，并为有机体生存适应和人际交往而同认知交互作用的心理活动过程和心理动机力量。"笔者认为，情绪是一种诱发。从20世纪末开始，情绪问题不仅关乎个人感受，并且对整个社会产生了巨大的作用力。情绪诱发的因素多种多样，按归因方式，分为内归因与外归因。内归因通过提高认知水平进行自我调节，而外归因将情绪的诱发因素控制在高质量范围内，通过优化环境，进一步调节情绪，释放积极能量。

第二节　情绪的影响及作用力

对个体身心健康的影响

情绪的压抑和变化对女性的生理周期、内分泌、自主神经系统、胰岛素的分泌、血压水平产生影响。除此之外，许多肠胃病患者因焦虑和压力而使身体状况恶化，长期承受的精神压力和持续性的应激反应导致海马体受损，记忆力下降，易患感冒、疱疹等。研究表明，压力较小的人群暴露在病毒环境中，只有27%的人患上感冒；在相同的环境下，压力较大的人群中有47%的人轻易患上感冒。换句话说，我们一直处在病毒环境中，虽然人体的免疫系统可以抵御病毒，但如果情绪压抑，就会导致防御功能降低甚至失效，处于"被攻击"的状态。因此，好的情绪是个体生命力的保护盾。

对家庭幸福感的影响

如果一对夫妇在连续三个月内，每天经历不愉快的事情，不断被外界的不和谐氛围所影响，比如吵架、恶劣的居住环境等，那么他们就会表现出一种强烈的反抗模式。在不愉快的事情发生后的3～4天内，他们很容易患上感冒或上呼吸道感染，这个时间恰好和很多普通感冒病毒的潜伏期相吻合，这项研究由卡耐基梅隆大学的心理学家谢尔登·科恩进行，结果表明人们在忧虑和悲伤的时候，更容易遭受病毒感染。因此，婚姻和谐、良好优质的家居环境对情绪空间的调节是至关重要的。

对工作及职业发展的影响

工作压力大也容易导致焦虑。匹兹堡大学心理学家史蒂芬·曼纽克让30名受测者在实验室尝试经历严峻而紧张的考验，测试结果表明，在受测者的血液中，血小板分泌出一种叫“三磷酸腺苷ATP”的物质，而这种物质会引起血管变化，导致心脏病和中风。另一项针对569名结肠癌病人和对照组的研究也发现，那些自称在过去10年间工作压力很大的人，与没有生活压力的人相比，患癌症的可能性高出5.5倍。

不顺心的事情在生活中不可避免，短期内，情绪上的不愉快对身体不会有太大的影响，但如果这种情绪反应过于强烈、持久，很容易引起人体内脏器官发生器质性病变。《素问·阴阳应象大论》中总结为“怒伤肝”“喜伤心”“思伤脾”“悲伤肺”“恐伤肾”，同时强调，情绪也能治病，即“以情胜情”，如“怒伤肝、悲胜怒，喜伤心、恐胜喜，思伤脾、怒胜思”等，这就是我国古代最早期的情绪理论依据。相关医学数据也表明，人类75%的疾病由情绪引起，保持愉悦的心情可以增寿5~7年。

对社会安定繁荣的影响

情绪控制在微观上是个人问题，但如果将其放在宏观层面，则成为一个值得深入思考的社会问题，它不仅关乎德育，还与整个社会的稳定有着密不可分的关系。面对巨大的社会压力，人们的心理健康如同一块能量不可见的磁铁，使用得当则激发出无比大的潜力，若产生负效用，则会形成极大的破坏力。相关调查显示，情绪型犯罪在我国当前的刑事犯罪中占有一定比例，特别是在青少年犯罪中占比较大。北京市监狱于2002年3月对狱内1553名罪犯进行16PF（16种人格因素问卷）心理测试，72.4％的罪犯表现出情绪激动的个性特征，65.00％的罪犯表现出矛盾冲突的个性特征，此外66.9％的罪犯表现为忧虑抑郁、烦恼较多。

数据显示，80%的8～12岁的孩子非常渴望有独立的空间，如果不了解这种状况，仍然让孩子与其他人共用一间卧室，孩子的需求不能得到满足，情绪受到压抑，不经意间就会诱发情绪问题，影响未来的人格塑造。

第三节 当前设计的情绪问题数据

当前设计的情绪问题数据主要集中于需求和使用层面，赖斯（2004）发现，专业日常生活中有16种基本需求推动人类向前发展，它们是设计师与用户之间情绪沟通的16条通道，这些需求与物理场所有着紧密的联系。例如，我们仰视某件事物时，会产生敬畏之心，这种状态恰好有利于自信型情绪空间的营造；对传统文化的重视和熟悉来自人们对荣誉的需求；减轻压力和紧张则主要来源于人们对稳定状态的需求……可以利用这些需求来指导空间设计。

日常生活中的16种基本需求

订书机有16个部件，家用电熨斗有15个部件，简单的淋浴装置有23个部件……每天回到家，从接触小区的花、草、树木，再到台阶、楼道、电梯间，所有物品均与设计有关，而我们则生活在这些物品当中。《时间物品图解大辞典》一书共有1500多幅图片，描绘了2.3万件物品或部件，这些都是与产品设计有关的数据。在视觉研究心理学家欧文·彼得曼眼中，“一个成年人可能要接触3万件不同的物品”。其实远远不止这么多，我们在移动或固定空间中所接触到的物质远远超乎想象，所以很难说当下的情绪完全来自自己，很有可能你已经被外部环境所影响。

不同专业的学者对设计元素做了不同程度的情感拆解，美国学者罗伊娜·里德·科斯塔罗在《视觉元素》一书中将不同形式的曲线分为三种缓慢曲线、四种具有速度感的曲线以及三种方向曲线和独立曲线。中性曲线是圆周的一段，是最平淡的曲线，给人平衡、稳定的感觉；支撑曲线让人感到沉重；反向曲线给人具有活力和动感的情绪感受。不同的曲线传递出不同的情绪，所以设计师们需要巧妙运用各种曲线以营造不同的情绪空间。除了线条，日本色彩大师野村顺一在《色彩心理学》一书中提到“light tonus值”（肌肉对光紧张度）。摄影师法席德·阿萨斯（Farshid Assassi）在工作实践中得出，工作区域的光照水平与员工的满意度有直接关联。城市宣教士、慈善家海伦·坎贝尔（Helen Campbell）发现，植物对纽约市低收入家庭的儿童有正面、积极的情绪效益。海伦·坎贝尔说，花卉社（Flower Missions）从不同的地方收集花朵，交给贫病者，仅1895年就有10多万束花被分发到医院与年长者及身心障碍者家中。1968年，国家花园俱乐部发现，让身心障碍者参与整个植物栽培过程，比只赠送植物获得更大的效益，所以全美国36个州的4690个花园俱乐部开始向医院及精神照护机构推展园艺方案。

不同形式的曲线情感拆解表

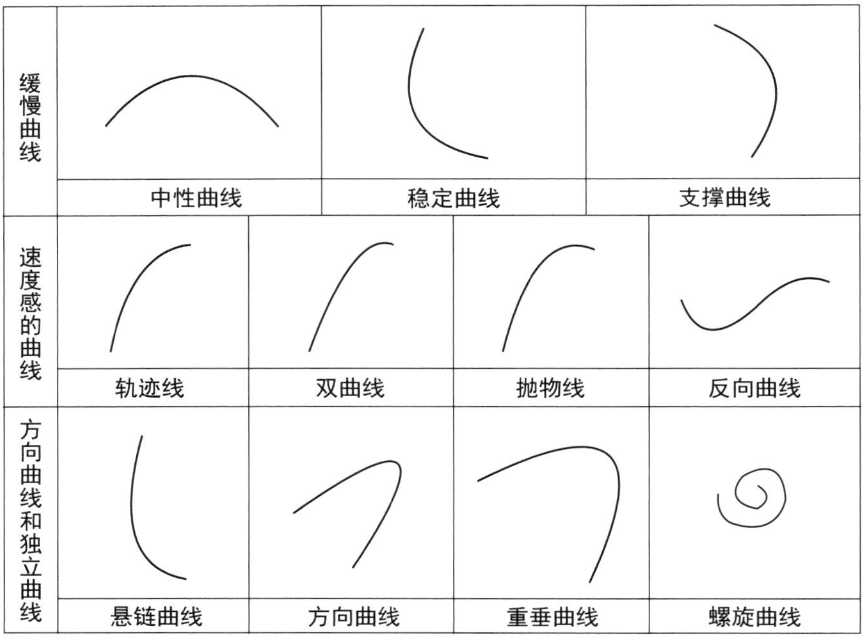

缓慢曲线	中性曲线	稳定曲线	支撑曲线	
速度感的曲线	轨迹线	双曲线	抛物线	反向曲线
方向曲线和独立曲线	悬链曲线	方向曲线	重垂曲线	螺旋曲线

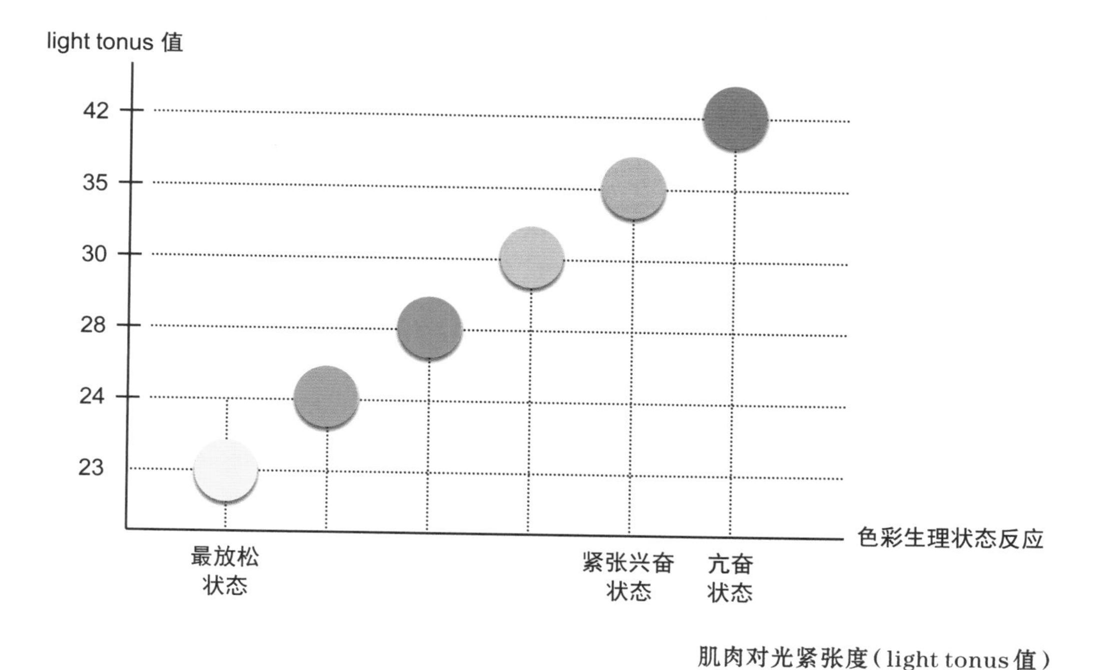

肌肉对光紧张度（light tonus 值）

注：肌肉对光紧张度色彩表中，随着光线增减和色彩变化，肌肉产生不同程度的紧张或松弛，通过脑电波和汗液分泌量，标志出肌肉紧张程度的具体数值。

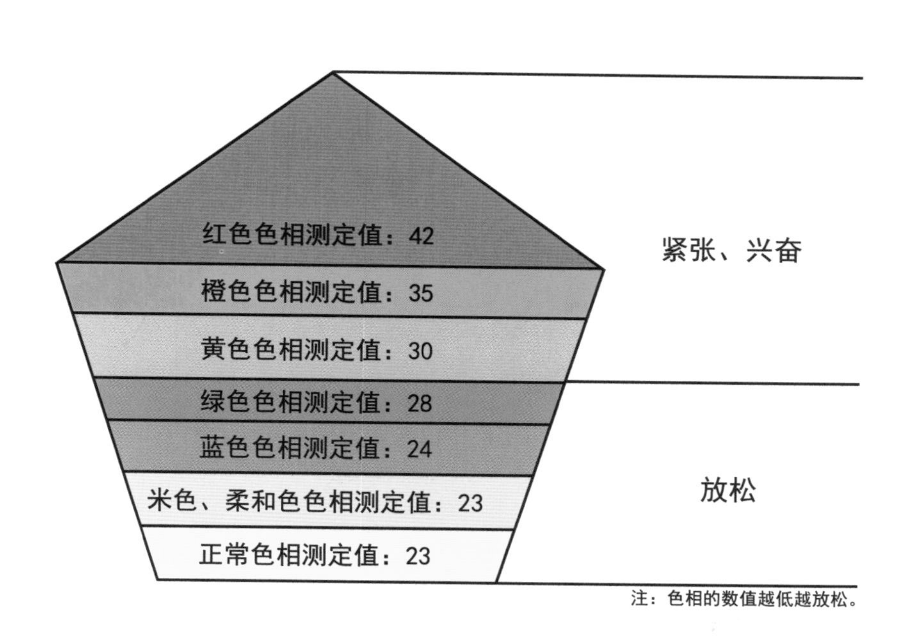

肌肉对光紧张度

denbo "peacock" design maija isola handprinted

第二章 什么是情绪空间

第一节 情绪空间的话题从“画音乐”开始

“画音乐”是莉迪亚（Lydia）与著名大提琴家盛东共同研发的一种将音乐与绘画相融合的通感训练教学法，其最大特色是既发挥左脑所控制的逻辑思维能力，又激发右脑所控制的创造力和想象力，同时，音乐加入后作用于大脑皮层，可帮助孩子提升联想、创造、记忆的能力。

2003年的某天，加拿大通感训练专家、“画音乐”创始人莉迪亚（Lydia）正在加拿大士嘉堡（Scarborough）家中的小教室里教画画。“我婆婆的学小提琴的学生在外面伴奏。我发现在屋里画画的学生在乐曲声中变得很安静。他们跟随着音乐的节奏，一边画画一边点着头打拍子，在画作中出现了许多乐曲中的元素如音符，他们开始用画作表达自己的感受，如黄色的喇叭、红色的峡谷、白色的城市……从那时起，我意识到，抽象的音乐和形象的绘画之间存在着某种联系，而这种联系在儿童身上呈现得尤为突出。”黑格尔在《美学》一书中言简意赅地指明了音乐和绘画的关系，音乐和绘画有着较密切的“亲族”关系，两门艺术在人们的内心生活中占有较大的比重，绘画可以超越边界，进入音乐的领域。

“画音乐”孩子们的音乐创作作品

莉迪亚有个学生叫黄亚伦（Aaron Huang），幼年时得了一场罕见的疾病，在多伦多病童医院住了两年，出院时，走路和说话的能力全都丧失了。由于脑部受损，他的肌肉毫无力量，甚至连握笔都很困难。加拿大神经科权威医生对孩子的母亲说，美术和音乐是他最好的学习方式。黄亚伦进行了短期的音乐与绘画融合训练后，大家惊讶地发现，他不仅可以“听到”音乐中的色彩，还可以经过引导将音乐中的情绪用画面描绘出来，并通过绘画作品加以表现。重视音乐在空间中的流动，唤醒生命内在知觉，黄亚伦在多种材料的尝试中找到释放自己的方式，水彩的流动性让他得心应手地表达内心感受。经过一段时间的训练，神经科医生看过他的画作后，兴奋地说，这完全是一个脑损伤儿童通过艺术学习实现肌体恢复的奇迹案例。

莉迪亚很好地将空间和情绪关联起来。莉迪亚在多年的教学实践中发现，

“画音乐”孩子们的音乐创作作品

空间具有情绪影响力，而对于儿童的情绪影响力则更大，比如空间的大小、空间的分隔、空间中元素的色彩、空间的活动动线等都与儿童的情绪存在直接关系。对于患有多动症和注意力缺失的儿童，大尺寸的空间可分散他们的注意力，使其更加兴奋（这一点在下文著名体操运动员杨威的儿子杨阳洋“28天心理暗示案例”中进行详细的介绍）。封闭的小空间让儿童的情绪得到有效的控制，让其很安静地上完一堂课。

灯光对情绪的渲染

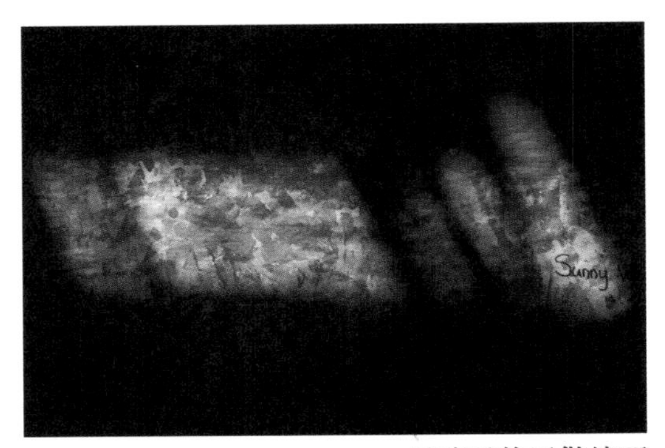

用孩子的画做墙面

“画音乐”中的空间装饰

用孩子的画布置而成的洞穴

巨大的墙面是艺术展示的好地方

第二节 情绪空间的具体定义

空间物质通过视觉、听觉、嗅觉、味觉、触觉、光感、人体工程学等多元而立体的方式，多维度刺激人的大脑皮层，从而引发不同程度和不同类型的情感状态。这种刺激人产生不同情绪反应的空间称为情绪空间。它具有可控性、可调节性、可创造性和可拆解性。

可控性

产生消极情绪时，可以通过控制空间元素，有效地释放消极情绪，将其控制在身体可承受的范围内，最终彻底消除消极情绪。

可调节性

通过改变空间物质，可以调节人的各种情绪状态。需要平静心情时，通过改变空间物质，营造一个平静的情绪空间。需要得到鼓励和振奋精神时，通过改变空间物质营造一个令人自信而勇敢的情绪空间。也就是说，你希望成为一个什么样的人、拥有一种怎样的情绪状态，可以通过改变所处空间的元素，来调节自己的情绪状态。

可创造性

需要激发创意和灵感时，空间物质能够带来意想不到的创造力，激发人的大脑思维，使脑细胞变得活跃且亢奋。

可拆解性

情绪空间并非独立存在的,而是多元素共同作用的结果,这些元素可以拆解，再次重新组合，这恰好符合人类情绪复合与复杂的状态。重新组合后的情绪空间可以调节更多复杂的情绪，在共性中相生相息，在互补中同生共融，在对抗中激烈碰撞，在未知中带来更多的可能性。

第三节 为什么会有情绪空间

在西雅图的美国海军惩教中心，两名军官一级准尉贝克与中心指挥官米勒上校，将一个个新来的囚犯，其处于愤怒、激动的状态下，送进一间粉红色牢房，然而在15分钟后，他们变得平静。为期7个月的实验期，未发生任何暴力事件，因此这种颜色被称为“贝克米勒粉红色”。此后，美国很多监狱运用类似泡泡糖的粉红色，以减弱囚犯的暴力倾向。20世纪80年代初，粉红色牢房掀起“通俗文化”的小热潮，精神医师、牙医、内科医师、教师，甚至很多父母都将空间的墙壁刷成粉红色，以安抚自身的情绪。

在欧洲很多传统医院里，工作人员经常使用鼠尾草精油来消毒病房，鼠尾草具有抗衰老、增强记忆力、安定神经、明目、缓解头痛及神经痛的作用。拥有鼠尾草味道的空间，好像沐浴着清晨的阳光，令人精神振奋、积极向上，在不知不觉间放松神经，达到身体的平衡与恢复，从而焕发新生。

“我嗅，故我在。”通过改变空间的味道，用来唤起更多的情绪和感觉。

相关免疫学的研究结果发现，人们感受到压力时，内分泌系统的压力荷尔蒙含量会升高，身体免疫力立刻呈下降趋势。就如持续加班后，嘴角长泡、不经意地打喷嚏、感觉到疲惫、昏昏欲睡，甚至女性出现月经失调、男性脾气变得暴躁等，这些都是免疫力下降的表现。

在办公空间中摆放绿植，能提高工作效率，待在这样的空间里让人感到舒服，变得冷静。丝兰和百合适合摆放在办公空间中，它们能够吸收空气中的二氧化碳，有助于人们集中注意力。

良好的环境对不良情绪有着极强的治愈效果，也可很好地修复整个身体的生理机能。园艺疗法在美国已经流行了上百年，服务的群体涉及各个阶层，园艺治疗师让患者接触大自然和植物，使其获得身体和心灵上的改善。我们在周末接近大自然或参与不同的园艺活动时，感觉到身体放松、心情舒缓，在不知不觉间免疫力得以提升。所以，有关专家曾提出，可以把园艺治疗列入预防医学的范畴。

在园艺治疗的整个过程中，每个人都是参与者。很多人在游览森林公园或进行园艺活动之后，心情无比愉悦，这或许就应归结为能量守恒定律，借由植物激发通感。为什么会有情绪空间？这是因为人们无时无刻不受到环境的影响，作为设计师所思考的必定是全面的参考元素，所以情绪空间就是一个密集的“能量场”，时时刻刻释放能量并发挥作用力。

对于脑力工作者来说，在自然生态的环境中做有氧呼吸、观看室外的景色、观赏热带鱼或者观看火焰表演等，这些活动都能够起到提高免疫力的作用。

第四节 情绪空间的基本构成

情绪空间是一个复杂的结构，也是多空间共同作用的结果。根据情绪空间可拆解性的特征，为了便于理解，将其拆解为8个空间，分别是视觉空间、听觉空间、嗅觉空间、触觉空间、味觉空间、光感空间、人体空间以及脉轮空间。

视觉空间

视觉空间是由外界物质诱发人类情绪反应的第一道窗口。符合一定视觉感知规律的空间物质与设计元素才能构成令人备感愉悦的视觉空间。

视觉生理解构

视觉是一个生理学词汇。光作用于视觉器官，其信息经视觉神经系统加工之后便产生视觉，英文叫Vision。

视觉活动心理分析

人类80％的活动都是视觉活动，视觉所接触到的外在物质，通过刺激大脑产生独特的情绪唤醒作用。在试衣间的镜子上发现“你看上去真棒”的赞美之词时，是不是更愿意为这件衣服买单？古希腊建筑帕特农神庙运用了黄金分割比例，所以整个建筑给人舒服和快乐的感觉。最极致的视觉快感莫过于黄金分割比例,这是0.618的魅力。物体长与宽的比例为1：0.618时，呈现出最迷人的视觉诱惑。“颜值”视觉同样如此，符合三庭五眼的标准，看上去最漂亮的脸庞就是从眉毛到脖子的距离与从头顶到脖子的距离的比值，刚好等于0.618。建筑师更是深执于0.618的视觉效果，无论是古埃及的金字塔，还是法国的巴黎圣母院，抑或埃菲尔铁塔，均与0.618有关。更有趣的是，0.618的角度对植物的通风和采光有着极佳的效果。

视觉空间的设计应用

1.造型：愉快的线条

波芬伯格和巴罗斯让500名大学生将18种不同的线条与47种不同的情感主题形容词进行匹配，研究人员使用两种线条——曲线和折线，每种线条分为大、中、小三种尺寸，每种尺寸又分为水平、向上和向下三个方向。大家得到共识——线条是有情感的。其实，线条本身只是一个二维静态形象，通过视网膜的捕捉，经由视神经传导给大脑，诱发人们的各种心理情绪和状态。走进一个房间，如果视线所接触到的线条都是流畅、不作顿挫的处理，所有空间内的转折也是不露圭角的，那么就会给人快乐、愉悦之感；相反地，如果空间中大多数的线条呈现停顿的状态，那么很容易影响人的情绪，拉低情绪兴奋水平。

如果选择汉代艺术作品，效果则截然不同。汉代的艺术形象大都笨拙古老，直角、棱角、方形非常突出，尽管缺乏柔和的效果，但这一切不仅没有人们的情绪，反而增强了运动、力量和气势上的美。“古拙”之感更是营造出一种彰显禅静甚至自信的韵味，恰恰应了“宁静致远”四个字。

2.材质：禅静材料

想要营造禅静情绪空间，需要选择一些米色或芥末色的材料做墙面，同时搭配扁柏柱子、桐木柜子、杉木天花板等古朴的材质配置，使整体空间的视觉反射率为50％左右，让各种元素所引发的情绪反应相互作用，营造禅静安宁的情绪空间。

3.照明：光对人的情绪的影响

光线影响心情，因为光线影响视网膜的神经节细胞，而正是这些神经节细胞辅助调节人体的“生物钟”，从而实现光线对情绪的影响。心理学家指出，彩光污染不仅有损人的生理功能，而且对人的心理也有影响。不同颜色的光可对人体产生不同的心理影响。人们若长期处在彩光灯的照射下，由于心理积累效应，可能令不同程度地出现倦怠无力、头晕、神经衰弱等病症。5330 K的色温相当于太阳直射的色温，此时需要用纱幔对光线进行过滤。不同的色温对人的情绪有不同的影响。一般来说，大于5000 K的色温感觉比较清凉，产生蓝中带白的视觉效果；而3300 ~ 5000 K的色温会偏白色；低于3300 K的色温比较温暖，适合营造低兴奋度的空间，增加温馨感。如果想要保持稳定的情绪，最好选择中间色温。选择灯具时，一般有详细的标注。另外，蓝色的灯光让人感觉到清凉舒爽，但不适宜用在餐厅区域，会降低兴奋度。紫色的灯光可制造浪漫神秘之感，但如果长时间运用则造成情绪压抑，只适宜稍作点缀。婚房、儿童房适宜采用粉色的照明光线，务必减淡光线的强度，因为浓重的粉色光线让人长期处在亢奋的状态，情绪躁动。除此之外，光源的对比度、亮度、角度选择以及漫射光源等照明视觉因素均对人的情绪产生影响。

4. 色彩：巧妙转换

适量的红色可营造出自信型情绪空间，而适当减少红色的比例，同时将线条变化为圆点，并与白色进行搭配，就会转化成与之近似的空间，进而释放出快乐的情绪。因此情绪空间并非一成不变，单一视觉元素转变为复合视觉元素时，情绪空间的作用产生对应的变化。只有一种情况除外，那就是空间中元素的量级和密度达到极致时，无论怎样进行设计和变化，都会让进入者感觉走进了一个令人着迷的情绪空间，视线不由自主地被吸引。如果80%的空间色彩选用金色，那么令人着迷的情绪空间则转化为令人赞叹的情绪空间。能量彼此转换，情绪相互转移。

色彩的情绪联想

基础色彩	情绪联想	应用技巧	示例
	1/2的红色让人产生赞叹情绪，容易引发冲动，使人精力旺盛	红色能刺激人体分泌肾上腺素，从而引起其他生理作用，比如导致血红蛋白的生成，从而产生能量，红色是治疗贫血和缓解疲劳的不错选择。 设计师可以利用高纯度的红色，让人产生着迷的情绪。可少量搭配红色或降低其纯度，带给使用者自信、快乐的情绪	
	波点形状的黄色将快乐的感觉表达得更加极致，营造快乐的情绪空间	星星形状的黄色，哪怕只是作为背景点缀，也能够使人产生强烈的快乐情绪。 设计师可以利用高纯度的黄色，缓解使用者的焦虑，营造快乐的情绪空间。运用低纯度的黄色，营造着迷型情绪空间	
	蓝色给人安全感，不同的饱和度带来不同的情绪反应	想要打造充满智慧和自信的情绪空间时，可以选用高饱和度的蓝色，起到心理暗示的效果。需要注意的是，蓝色的忧郁气质可以通过光线明暗进行调节	
	绿色让人感受到青春和生命力，带来积极向上的情感	设计师可以利用绿色营造愉悦的空间，人们置身于绿色空间或空间中有绿色元素时，疲劳感会降低，且保持心情愉悦。需要注意的是，绿色的明度与它的情绪作用成正比，明度越高，舒适度越高；明度越低，压抑感越强	

明暗的情绪联想

基础明暗	情绪联想	应用技巧	示例
阴影感	人们感到不知所措或感想颇多时，可以调弱光线的亮度，弱光可以让人放松下来，无论是学习环境还是工作环境均能因此变得更加轻松	设计师可以通过改变空间中光线的进入量，来调节使用者的敏感情绪，通过增加室内的阴影效果来舒缓情绪。 对于性格比较急躁、讲究办事效率的居住者，室内的光线要适度偏暗，尽量避免坐在阳光直射的区域	
明亮感	较亮的灯光以及较强的光滤镜可以营造快乐的情绪。明亮的光线能增加情感强度并刺激情绪反应	设计师在充分了解使用者的性格后，可以适当地利用空间的明亮度来增强使用者的愉悦情绪。对于性格内向、容易悲观的居住者，可以通过光线的加强，将容易影响情绪的不利因素降到最低点。 想要营造轻松快乐的情绪空间，应避免刺激性较强的灯光色彩，同一房间内灯光色彩最好不要超过3种	
朦胧感	过滤后的阳光更有亲肤的效果，温暖的阳光是最好的光源，让人更有幸福感	朦胧光线更能丰富视觉层次，同时为空间带来立体效果。 纱质窗帘装饰性较强，增强室内的纵深感，且透光性好，适合在客厅、阳台使用	
强烈感	光线因素影响视网膜神经节细胞，而正是这些神经节细胞辅助调节着人体的“生物钟”，从而实现光线对情绪的影响	设计师在运用强烈的光线时需要充分考虑使用者的精神状态和空间占用率。可以利用强烈的荧光色，来营造着迷与赞叹的情绪效果	

线条的情绪联想

基础线条	情绪联想	应用技巧	示例
直线	水平的直线有助于人们保持清醒的头脑，给人快速高效的感觉，适用于营造增强自信的空间	设计师可以在过往设计案例中发现很多直线的身影，直线通过不同维度的变化可使人产生不同的情绪。因此，单纯的水平直线更多是一种无觉的状态	
弧线	弧线属于非常缓慢的曲线，它是圆周的一部分，给人平衡、稳定的感受	设计师可以利用弧线，打造适龄的活动空间，比如儿童空间的设计，以及老年房的设计。相较于其他线条，弧线是最能让人感受到关怀的中性线条，比其他线条更易抚慰情绪，让人觉得舒服和踏实	
波浪线	波浪线让人产生激动情绪，波浪的频次和密度与情绪密切相关，这种忐忑不安也会带来持续的兴奋感	著名建筑师高迪的“米拉之家”将波浪线发挥到极致，波浪形的外观由白色石材砌出的外墙、扭曲回绕的铁条和铁板构成的阳台栏杆打造而成，加上宽大的窗户，可让人尽情发挥想象力	
螺旋线	螺旋结构与DNA分子的形状相似，可激起人们的温暖感觉，19世纪新艺术风格常以这种曲线作为基本形式，比如著名的“比利时螺线”。55％的人在调查时反馈，螺旋形状能带给其快乐的感受	营造快乐的情绪空间，设计师可以巧妙地利用螺旋线，在空间主题背景墙上设计具有立体感的螺旋线，增加空间的视觉感染力。在空间装饰上，可以运用“斐波那契螺旋线”标准的黄金分割比，陈列雕塑以营造空间的安全感和愉悦感	
V形线条	V形线条有着强烈的心理暗示，更容易让人产生聚焦感、集中注意力，从而快速地吸引人的视线，是令人赞叹的线条符号	国内外建筑师通过V形设计，延长每个户型的采光时间，无论清晨还是傍晚，都能确保采光和通风。室内设计师利用V形线条，确定空间的焦点，打造令人赞叹的情绪空间	

长短的情绪联想

基础长短	情绪联想	应用技巧	示例
短	短线更像直线的分解，是一种局部体验，具有停顿性、刺激性。节奏感更强，更活跃，安全感更弱，视觉情感更丰富	设计师可以用短线来营造空间的生命力和活力。另一方面，如果使用者有情绪困扰或精神压力，短线容易加重焦虑和不安感	
长	长线具有开阔感和宁静感，流畅且轻快，给人冷静、可靠的感觉，让人更有自信	设计师在有限的空间中运用长线营造平静的内心状态。长线可抚慰情绪，最适合营造禅静安宁的情绪空间	
中	中度线条的情绪表达不会那么鲜明，恰恰是这样的共处与融合，使其与更多的元素融合在一起。中度线条富有包容感	设计利用中度线条，将各种空间有机地结合。在情绪表达上，中度线条配合建筑硬装的结构特征，也是最保险且不易出错的线条。中度线条带给人自信和生命力	

粗细的情绪联想

基础粗细	情绪联想	应用技巧	示例
粗	粗线条加重其存在意识，即便在一份超级唯美的下午茶点面前，一条黑色的粗线立刻成为主要的视觉元素	设计师可以将空间中一些不起眼的细节做强化粗线处理，比如很少有人在意过角落空间，利用粗线条的勾勒，让使用者从整体情绪中跳出来，在细节处获得丰富而有层次的情绪感染力	
细	在一组画面中，人们通常不会在意细线条的价值，但细线条以一定的比例出现时，这样的刺激就会变得愈发强烈。细线条的视觉影响力往往带有运动效果，通常让人感到身心愉悦	如果空间服务于创造性强且极具生命力的人群，比如儿童或创造性思维工作者，细线条会比粗线条更让人感到快乐和放松，使用者在有动感的环境中发现更多有趣的东西，细线条的分布为人们带来强烈的快乐之感	

方向的情绪联想

基础方向	情绪联想	应用技巧	示例
平行	在空间中，大量运用平行的方向排列能够带来秩序感，同时增加静谧的情绪效果	设计师可以利用平行的方向感，营造令人安心的空间，如果使用者受情绪困扰，可以借助平行的方向，获得稳定而自然的情绪安抚	
垂直	垂直的方向带给人高耸、庄严的感觉，具有生命力、力度感、伸展感	将垂直的视觉效果引入设计方案，以解决空间感受力不足的问题，让进入者引以为傲，在高耸、庄严的内心体验中，产生着迷、赞叹的情绪感受	
斜向上	斜向上的方向具有强烈的飞跃感，能够产生积极愉悦的视觉感受	对于一个富有活力的创新型的空间来说，斜向上的方向是唤醒主动情绪的最佳方式	
斜向下	斜向下的方向令人产生向下行动的感受，对于处于情绪高潮的人群来说，斜向下的视觉方向以及运动方向都会将其兴奋度降低30%	设计师可以利用斜向下的方向，完成很多低兴奋度的设计，比如让一个刚结束聚会的人感到冷静和安宁。同样地，对于忙碌一天的人来说，进入斜向下视觉主题的空间中，会产生禅定与平和的情绪感受	

大小的情绪联想

基础大小	情绪联想	应用技巧	示例
巨大	巨大的物品通常带给人赞叹和惊讶的情绪体验，营造不一样的情绪效果	想要营造令人赞叹的情绪空间，最经济的方式是利用巨大的基础造型尺度，空间物品比例达到1/2以上，如此便可在第一时间引发进入者的赞叹情绪	
大	大的设计尺度总能产生强烈的代入感。在可接受范围内的大尺寸设计与装饰效果让人身心愉悦	相较于巨大的体积和面积，大尺寸的设计是指在人们心理承受范围之内，虽然没有达到赞叹、惊讶的程度，却能让进入者感觉到情绪的饱和	
中	在所有尺寸中，中等大小是最平和的，它不会激起内心的波澜	设计师根据使用人群的身形比例以及人体细节来确定中等大小的尺度范围	
迷你	小的即是可爱的。让人想去触摸、被感动，想从中体会快乐、愉悦、幸福	设计师运用迷你的比例尺寸，为进入者带来细腻的内心体验。心理学家说，人们沉醉于指尖的细枝末节时，大脑会逐渐放松，并感到幸福	

疏密的情绪联想

基础疏密	联想动势	情绪联想	应用技巧	示例
疏	慢	疏的布局往往带给人更加直接的体验，更易于产生快乐、愉悦和舒适的感受，让人安静下来	想要在空间中带给使用者简单的幸福感，比较好的办法是采用稀疏的排列方式，用形式视觉加以点缀	
密	快	密的布局往往更吸引人的注意力，密密麻麻的布局，再加上视觉本身的重叠效果，让人产生着迷和赞叹的情绪	设计师可以利用密集的形式排列，增强空间的节奏感和冲击力，情绪效果往往与疏密关系成正比。增加小面积的密度可直接制造视觉冲击力	

形状的情绪联想

基础形状	延伸形状	情绪联想	应用技巧	示例
圆形	螺旋形、鸭蛋形、球形	圆形的圆满和轮回感让人很自然地产生快乐和幸福的情绪体验，古埃及人认为圆是神赐给人的神圣图形。神圣的圆形给予人类愉悦和安宁的情绪体验	设计师可利用圆形以及弧度的造型，营造极富流动性的快乐情绪体验，也可利用波浪形的大小和圆形的排列密集程度营造安宁的情绪感受	
三角形	锯齿形、菱形	延伸的菱形给人发散之感，所以更容易引发着迷情绪。锯齿形状所引发的焦虑感，成为赞叹和着迷情绪的另一种刺激元素。三角形是最稳定的形状，在视觉上给人自信的感受	设计师在进行空间切割和墙面设计时，可利用三角形营造立体效果，丰富视觉层次，让使用者更具行动力、增加自信	
花形	花朵形、花苞形、花蕊形、花瓣形	花朵的形状多运用于软装中，寓意“花开富贵”“花好月圆”“柳暗花明”等，给人快乐和愉悦的情绪感受	设计师利用花形的设计营造田园和自然风格，带给人回归自然生活的快乐美学体验	
方形	长方形、正方形、梯形	方形所具有的鲜明轮廓让人联想到直线的速度感，营造极速飞车般的快速转折效果，让人产生自信的情绪感受	如何在空间中利用最普通的方形营造惊人的情绪效果呢？最简单的方法是以形状为基础，兼容其他视觉元素。比如增加形状出现的频次，将轮廓线进行粗细调整，或改变色彩	

听觉空间

听觉空间可以激发各种愉悦而充满能量的情绪感受，带来非同凡响的行动力。从古至今，听觉作为五感之一，有着非常重要的地位。听觉空间作为情绪空间中最美好的空间代表，不仅是情绪空间的重要组成部分，还具有强大的疗愈效果。

听觉的生理解构

人耳听觉系统包括三个部分：外耳、中耳和内耳。声音的定位主要通过耳廓和耳壳完成，声波通过听觉器官使其感受到细胞兴奋并引起听觉神经冲动，经过各级听觉中枢分析之后引发感觉。

听觉活动心理分析

中国古代医学经典《黄帝内经》早已阐明外感于“六淫”和内感于“七情”的相辅相成。古乐对应五脏，天有五音，即角徵宫商羽；地有五行，即木火土金水；人有五脏，即肝心脾肺肾。木音为古箫、竹笛等乐，入肝胆之经，主理肝胆的健康。火音为古琴、小提琴等丝弦乐，入心经与小肠经，主理小肠和心脏的健康。土音为古埙、笙芋、葫芦笙等乐，入脾经与胃经，主理脾胃的健康。金音为编钟、磬、锣等乐，入肺经与大肠经，主理肺肠的健康。而水音为鼓、水声等乐，入肾经与膀胱经，主理肾脏与膀胱的健康。当五音歌乐响起，便可达到和谐振荡五脏、调和身心养生的效果，其五音入六腑及任督二脉。歌乐可以将有损健康的毒气、浊气、邪气和长期在肝腹内由压抑所产生的忧郁以及多年累积的肝火烦闷痛疾等排出。

《乐记》中也对音乐与人的心理活动的关系进行了分析。焦虑、急促、叹息的声音通常让人产生悲哀的情绪；舒畅、缓慢、轻柔的声音让人产生快乐、愉悦的情绪；粗暴、严厉的声音让人产生愤怒的情绪；正直而庄重的声音让人产生崇敬的情绪；温和、温润、柔美、恬静的声音让人产生爱慕、倾心的情绪。

听觉空间的设计应用

将听觉的研究运用于室内设计，节奏、旋律与和声通过不同物件的组合，产生不同的节奏。借助于规律的排列和变化演绎出旋律，而不同材质搭配出来的和谐效果也应和了和声的效果。下面介绍听觉空间的具体设计应用方法：

新颖复杂的音调通常能够勾起人的兴趣，会成为着迷情绪空间的很好的营造元素。

1. 提高脑力工作者效率的听觉空间

对于很多脑力工作者而言，节奏欢快或较为响亮的音乐，例如木管乐器、小提琴等，具有跳跃、欢快的音调，适合营造快乐情绪空间。想要空间不仅拥有快乐的情绪还保持创造力，那么建议设计者要不断地变换音乐的类型和节奏，避免进入者的大脑习惯于特定的音乐形式。新颖复杂的音调通常能够引发人的兴趣。比如，在Ultrovoilet的官网使用的背景音乐，如果用在空间中，让进入者蒙上眼睛忽略视觉干扰，就会产生一番着迷情绪。进入者聚焦于听力，声音以连续而有力的方式控制我们的情绪，或许可以运用逆向思维对声音进行控制，以便更高效地完成工作。

2. 利用听觉空间缓解焦虑

相较于都市的车水马龙等人造声源，自然山泉、小溪流水、鸟语风吟更具疗愈效果。研究发现，传导音乐的神经与传导疼痛感受的神经是一样的，医生用音乐来缓解产妇分娩的痛苦，在分娩的不同阶段，产妇听到契合自身感受的音乐，可能更加专注地保持体力，控制呼吸，这样的听觉空间使得焦虑和疼痛感大大减少，意外地缩短了整个分娩过程。相较于身体上的痛苦，心理上的痛苦也可以通过听觉得到缓解，比如在举行丧事仪式时，哀乐可用来减轻逝者亲人的伤痛，低沉的音乐可以消解哀思、弱化悲伤。

3. 设计深度减压的听觉空间

生活在大都市里的人，接触到的70％以上的声源是人造声源，这无形中增加了都市人群的心理压力，提高了患上焦虑症、抑郁症、妄想症、强迫症等的概率……2017年，《中国职场女性健康调查报告》指出，65％的女性有心理问题，而且城市的心理疾病患者数量远超乡村。其原因在于，城市的快节奏生活使得女性无法排解压力，而且不具有释放压力的生态环境，因此市政部门可以适当增加都市城区和小区的绿化景观、园林设计，比如风吹树叶的沙沙声、小溪流水的哗哗声、喷泉冲击砖瓦的声音等，以便释放人们的心理压力。

听一首好听的音乐，如同把在音乐大六度中获得的美妙感受分析为音乐频率的黄金分割比例，所有听觉活动在日积月累的进行中有章可循。在咖啡厅、水疗馆、书店等区域播放低分贝的音乐，让人在听觉上深度放松。在居室内播放主旋律和谐、曲调简单、周期性重复的调子，可以平静人的心情，例如，人很容易在聆听雨滴的夜晚入眠，因为来自水音的重复节奏可降低脑神经的兴奋度，有助于睡眠。

每个听觉空间都是量身定制、与众不同的，同时是以目的功效性为主导的空间结构。即便在公司大楼里，不同区域的乐音均应有所区别。例如，在大堂接待区域，应播放让人轻松愉悦的音乐，办公区则应播放让人集中注意力的乐曲，茶水休息区应播放让人放松甚至有助于小憩的音乐，会议室则播放一些引发共鸣、让人平心静气的乐曲……空间因人而变。

声音的情绪联想

声音类型	声音细分	情绪联想	应用技巧	示例
自然之声	电闪雷鸣	雷是自然界最具震撼力的声响，往往具有心理威慑力	在金属和激光照明的环境中搭配雷鸣电闪的自然之声，最适合营造着迷、自信的情绪氛围	
	树叶沙沙	风吹树叶发出沙沙的响声，属于小频率振动，最能触及人的末梢神经，带来舒适轻松的情绪体验	利用空间中空气的流动性，可以制造一些自然的细小声音，特别适合营造安宁的情绪空间	
	细雨淅淅	水声是最能让人放松的自然之声，让人回到生命体形成的最初阶段，感受在母体里那些纯粹的声响	相较于复杂的声音，简单的声音可以减少进入者和空间使用者的大脑处理频次，更容易让人感到快乐和愉悦	
	狂风暴雨	这样猛烈的听觉刺激快速把人切换到应激反应的状态，从而增加情绪的关注度和对大自然的赞叹	设计师将狂风暴雨的自然之声与极具匠心的玻璃融合在一个空间中，使人产生震撼和赞叹的情绪	
	清脆鸟鸣	王维在《鸟鸣涧》中写道："人闲桂花落，夜静春山空。月出惊山鸟，时鸣春涧中。"可见，鸟鸣与心境愉悦是彼此关联的	如此空灵恬静的环境和心境，恰是设计师给空间使用者营造的，思考也好，阅读亦有益	

续表

声音类型	声音细分	情绪联想	应用技巧	示例
人造之声	喃喃细语	竹影斜侵月照棂，喃喃细语人倾听，这是一种人与人之间交流的默契	有时沉默让人紧张，而轻微的喃喃细语反而让空间氛围更加放松	
	微露唇语	双唇发出的一种非表达的言语，稍稍勾起人的欲望，又不过分叨扰	设计师可以打破空间原本的秩序，让微露的唇语在这个拟声的空间中变成一种巧妙的修饰	
	嘻嘻哈哈	这是一种快乐，听着听着便忍不住跟着笑起来	独特的音效和巧妙的嬉笑声可以很好地调节空间情绪。特别是搭配一些夸张和有趣的视觉画面，情绪变化更加明显	
	铿锵有力	金属、冷色和激光照明带来力量感。浑厚而简洁的语言表达是思维敏锐的反映，也最能激发人的自信情绪	设计师利用颇具线条感的人声，将快速而有力的声效与视觉空间的“少即是多”相结合，营造一个富有力量感的自信情绪空间	
	沉默少语	使用很少的元素，给人安静之感。沉默不代表冷淡，期间偶尔跳跃的色彩或音符更能挑动人们的心弦	懂得空间语言，同时有意加入声觉言语，可以很好地把握时空的节奏，将人造之声作为点缀，打造一个沉默的空间，更能带来禅静意味，引人注目	

续表

声音类型	声音细分	情绪联想	应用技巧	示例
物造之声	车水马龙	无车似有车，将车水马龙之声带入空间，营造具有都市效果的着迷情绪空间	不同时代的车水马龙带来全然不同的空间感受。想要营造复古效果的着迷情绪空间，听觉元素绝对是设计师最棒的武器	
	钟摆	身心通过一只钟衔接起来。心理学家研究表明，嘀嗒的钟摆声响能够让人安静下来	设计师利用钟摆固定节奏的声音来营造稳定的情绪氛围，并且在声效中搭配固定的水滴或对应的辅助音效，从而降低空间的情绪波动频率，营造禅静的空间氛围	
	木质敲击	敲击是一个很有趣的动作，而木质的敲击能够带来特殊的听觉传导效果，对于人体内脏有极强的共鸣作用，是能够带来自信情绪的物造之声	在空间细节上加入木质敲击声，增强空间的物造音效，搭配向上攀援的视觉线条，营造积极自信的情绪空间	
	沸腾	沸腾具有一种动势体验，那种咕噜咕噜的声音特别热闹，最适合营造快乐的空间氛围	较强的视觉对比色和密集条纹的空间设计中特别适合搭配这样的声音，如果是在派对设计中，沸腾的声音能让人们快乐起来	

音乐的情绪联想

音乐类型	音乐细分	情绪联想	应用技巧	示例
人造之声	角	木音为古箫、竹笛等乐，入肝胆之经，主理肝胆的健康。细腻的声音最易让人安静下来	设计师可以借助藤条风铃，为空间制造舒缓柔和的声音	
	徵	火音为古琴、小提琴、大提琴等丝弦乐，入心经与小肠经，主理小肠和心脏的健康	在空间中加入火音，能够缓解焦虑情绪，让人进行深层次的思考，最适合营造着迷和执着的情绪空间	
	宫	土音为古埙、笙竽、葫芦笙等乐，入脾经与胃经，主理脾胃的健康	土音响起时容易让人想起那些沉睡的老照片，伴着遥远的回忆，回到安宁的情绪中	
	商	金音为编钟、磬、锣等乐，入肺经与大肠经，主理肺肠的健康	穿越大金属铁皮的设计与商对应的金音有异曲同工之妙，最能引发着迷和执着的情绪	
	羽	水音为鼓、水声等乐，入肾经与膀胱经，主理肾脏与膀胱的健康	任何空间中，只要加入水的元素，便能增强灵性和生命力。水音同样可以缓解空间使用者的压力，舒缓其情绪，激发人们去思考和创造	

续表

音乐类型	音乐细分	情绪联想	应用技巧	示例
音区划分	低音区	低音区给人浑厚、低沉的感觉	低音区的音乐能够为空间带来慵懒朦胧的感觉，特别适合唯美的纱幔空间，营造禅静稳定的情绪	
	中音区	中音区非常特别，莫奈、塞尚的作品一看就是灰灰白白的感觉，中音区就是这样的音色	这里引用塞尚的一句话："色彩丰富到一定程度，形也就成了。"对空间来说，最大的丰富就是大道至简，进而营造自信的空间情绪	
	次高音区	次高音区，即低一点的高音区非常悠扬，特别适合抒发情感，莫扎特、勃拉姆斯这些大作曲家都非常喜欢这样的音区	次高音区的乐曲非常适合热爱生活的空间使用者，带来热情洋溢的快乐幸福情绪，搭配百合、帝王花一类大气而热烈的花束	
	高音区	呐喊和表达疯狂的情绪，一定需要高音区	适合搭配竞技类的空间，充满战斗力的碰撞元素、冷暖对比色、锋利与柔软，在冲突中与高音音域疯狂融合，激发着迷情绪	

续表

音乐类型	音乐细分	情绪联想	应用技巧	示例
节奏划分	2/4拍	2/4拍是单向型零思考的节奏，比较欢快，带来轻松快乐的情绪	线条简单的构图，具有实用收纳功能的设计与2/4拍的音乐搭配得天衣无缝，无需过多的修饰，越简单越快乐	
	3/4拍	小步舞曲大多采用3/4拍子，中速，节奏平稳，风格典雅、明快、轻巧	优雅的空间设计，每个细节都极为精致，加入3/4拍的小步舞曲，让人不知不觉想要翩翩起舞，引发出一种着迷的优雅情绪	
	4/4拍	4/4拍的曲子更为悠扬，有一种淡雅和禅定的从容美感	一盏茶、一张席，让人更安静、淡然。4/4拍的节奏，适合营造禅静情绪空间	

乐曲的情绪联想

乐曲名称	情绪联想	应用技巧	示例
西科洛科（Cicco Loko）的《泡沫》	这是一首让人联想到吹泡泡、沸腾和欢乐的曲子，让人产生好奇	30％以上的空间用到圆形、波点等明确的元素，想要营造快乐氛围，可以加入这首乐曲，不仅能够激发快乐情绪，还能彰显空间神秘感	
安东尼奥·维瓦尔第（Antonio Vivaldi）的小提琴协奏曲《四季》	音乐一起，让人想到百花齐放，争奇斗艳，美好、幸福的情绪油然而生	这是一个探寻植物与生态亲密关系的好机会，非常适合追求内心幸福感的居者，在清晨唤醒生命力和幸福感，避免搭配生硬的工业风	
罗伯特·舒曼（Robert Schumann）的《柔板与快板》	如同一首柔美的诗，不知不觉令人陶醉其间，适合营造禅静情绪空间	音乐响起，空间仿佛凝固了，这就是听觉的魅力。适合搭配任何空间，在音乐响起的瞬间改变空间的第一感觉，让快乐沉溺，让自信深邃，让着迷与执着退却，只留下禅静的美好	
德沃夏克（Dvorak）的《b小调大提琴协奏曲》	全曲共分为三个乐章。第一乐章：快板，b小调，4/4拍子。第二乐章：不太慢的慢板，G大调，3/4拍子，三段体。第三乐章：中庸的快板，b小调，2/4拍子。乐曲让人们同时经历多种情绪感受	这首乐曲总给人一种重归故土的自信和愉悦，特别是在第三乐章，用自由的回旋曲形式书写充满蓬勃生机的乐章，搭配具有透视效果的生态空间，带给人丰富的想象和更多自信	

嗅觉空间

据说使用“海洋气味”的嗅觉空间，能够使人们的面部肌肉紧张程度约减轻20％。嗅觉空间是以气味为主导的空间，就像电影《香水》中所说：“人可以在伟大、恐惧、美好面前闭上眼睛，不倾听美妙的旋律或诱骗的言辞，却不能逃避味道，因为味道和呼吸同在。”

嗅觉的生理解构

鼻子是人主要的嗅觉器官，每只鼻孔大约只有1平方厘米大小，随着岁月的流逝，嗅觉器官的表面积逐渐缩小。就在这1平方厘米的小空间里，鼻子的上皮每平方毫米包含约3万个神经元，根据神经元数量的多少来决定嗅觉的发达程度，神经元是非常重要的感知外界气味的结构。另一个重要的嗅觉神经器官是嗅球，芳香之所以直接作用于大脑，主要原因是香味分子与嗅球上纤毛受体细胞相连，而嗅球实际上是大脑的一部分，是大脑的“眼睛”，是大脑与外界最直接的联系，因此，嗅觉引起各种情绪反应和心理变化。

嗅觉活动心理分析

荷兰莱顿大学心理学研究者发现，大家熟知的薰衣草能够增加人与人的信任度。研究者罗伯塔・萨拉诺博士和洛伦佐・寇泽特博士选择了60位志愿者参加气味测试。一些志愿者往身上喷了薰衣草味道的香水，而另一些志愿者喷了薄荷味道的香水，还有一些志愿者什么味道的香水都没有用。然后开始做5欧元的信托游戏。结果表明，人们更愿意把这5欧元投给那些使用薰衣草味道香水的志愿者。这或许很好地说明了气味对人们决策力的影响作用。薰衣草的安神镇静效果使得嗅觉神经与大脑内侧前额叶的皮层区域相互关联，而后者控制着我们对他人的信任感，具有放松功效的植物芳香，有助于人与人之间建立信任感。

《荷马史诗》中建议人们在病房里燃烧硫黄，希波克拉底提议用燃烧柴草的办法来抵御瘟疫，这种办法直到18世纪还在马赛使用。法国思想家蒙田坚持认为人体的气味能够带来很多的变化；而莎士比亚则让李尔王寻求麝香猫为伴，从而使其摆脱阴郁心情。

1952年，埃穆尔（Amoore）提出了“嗅觉立体化学理论”。该理论首次将物质产生的嗅觉与其分子形状联系起来，并在嗅觉研究中心提出“主导气味（primary odor）”的概念，也叫“主香理论”，这与色彩的视觉感类似，理论基础在于两个因素——外形和大小，这些外形和大小把无法捕捉的嗅觉元素变成直观的形象。这个味道让人感到舒服，或许是因为它符合视觉的流线形机制原则，就如花朵之所以让人感到安定，多半是因为其本身并不具备神经系统。

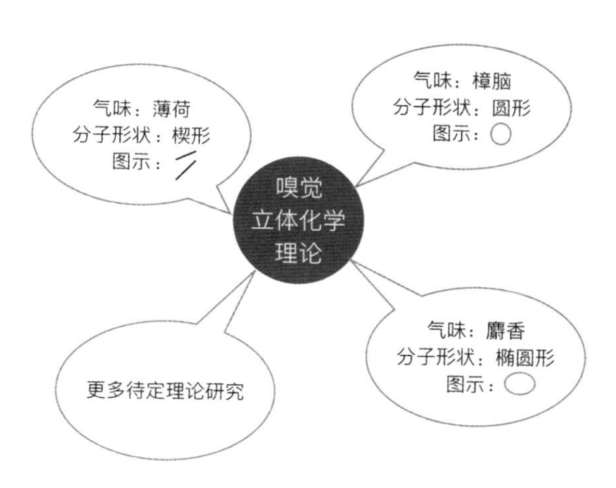

嗅觉立体化学理论

嗅觉空间的设计应用

1981年，香薰理疗师威廉姆・阿诺德・泰勒教授创造香薰理疗学，利用香薰精油，改善人的性格和情绪。事实证明，利用香气，能够吸引顾客在商店里多待一会儿，不同的气味能够影响人们的记忆力、提高学习能力、调节情绪、增强信心，以及用于更加广泛的领域。下面介绍嗅觉空间的具体设计应用方法：

1.利用气味，驱散压抑感

情绪低落时，在香薰机里面滴几滴依兰精油，香气弥散开来，你会发现不知不觉间空间为你打开了一扇欢愉之门。嗅觉的感知力可诱发不同程度的心理状态，对那些习惯待在图书馆里的人来说，图书馆里散发出来的油墨味能沁入脑髓，书香让人安静、淡定而从容。

2.积极的嗅觉空间与消极的嗅觉空间

利用气味进行不同程度的嗅觉刺激而产生的空间称为嗅觉空间。根据气味产生的不同反应，通常分为积极的嗅觉空间与消极的嗅觉空间，带给大脑、心理与身体积极状态和良好反应的气味纳入积极的嗅觉空间；反之，让人作呕、心绪不宁、坐卧不安的气味纳入消极的嗅觉空间。积极与消极并没有绝对的界限，例如一束百合花放在客厅里让人感到芳香怡人、心情愉悦，营造出积极的嗅觉空间；放在卧室里则容易导致人失眠多梦，因为百合花的香味会增加中枢神经的兴奋度，由此带来消极的嗅觉空间。嗅觉空间不可一概而论，这就是产生情绪空间的原因，不同的情绪状态需要调制不同的嗅觉配方，打造不同的情绪空间。

3.未来嗅觉空间设计趋势

芝加哥嗅觉与味觉治疗和研究基金会艾伦・赫什博士指出，未来很多人会住进安装香气空调系统的房子里。在醒来前10分钟，系统开始向空气中释放唤醒香氛，于是我们睁开眼睛。去餐厅吃早餐时，某种香氛让你食欲大增；想要减肥节食时，另一种香氛又让你自然少食。这简直太理想化了。在办公室里加入某种香味，员工的积极性提高了，工作效率也有所改善。到健身房锻炼身体，也因为有了独特的气味而不再枯燥乏味，甚至可以变换不同的气味来增强空间的趣味性，再没有令人厌恶的汗臭味道。当然，最迷人的要数临睡前的助眠香了，其气味的类似于薰衣草，已被充分证实具有良好的助眠效果，相似的试验正在全球范围内进行。在弥漫花香的教室里，学习微积分的学生的学习速度提高了，这或许与某款提高注意力和专注度的气味有着密不可分的关系。在拉斯维加斯的赌博机里注入一种香味熏染剂，赫什博士发现，赌客们的消费额比原来提高了45%。

吃完脐橙之后把果皮放在房间里，一个脐橙的果皮可以调剂约 5 平方米的空间，其味道能够去除房间的异味，令人神清气爽、舒心理气。

单一嗅觉的情绪联想

类型	联想关键词	情绪联想	应用技巧	示例
花朵	热情、快乐、存在感	花朵的味道如此浓郁，似乎无时无刻不在宣扬快乐和存在感	花朵是昂贵的，但空间中加入花朵的味道，很容易激发快乐的情绪。推荐使用茉莉、玫瑰、柠檬花、桂花、橙花的味道，很适合营造快乐情绪空间	
叶片	内敛、低调	叶片的味道很多时候需要揉捏才能闻到，是一种内敛和低调的表达方式	叶片蕴含智慧，其气味尤其带有禅静意味。特别是丝柏的味道，总能帮我们消除由情绪引发的不稳定、孤独和失控感	
树脂	疗愈、禅静	将树划破一道口子，树脂从伤口中流出，用来封住伤口，避免受到外界的伤害。树脂的味道具有很强的疗愈效果，并带来禅静的韵味	可利用树脂类的乳香味道，帮助空间使用者修复童年的创伤。乳香有助于疗愈人的神经系统，如果空间使用者有特殊的情绪需求，那么可用乳香一类的树脂味道来稳定情绪，营造禅静情绪空间	
木质	禅静、豁达、自如、自信	木质类散发的味道，也许不是单纯的禅静，更能激发豁达和自如的自信情绪	有时设计师会遇到一些非常自信且特别固执的客户，木质类的味道比较适合这类客户，丝柏的味道让他们觉得很舒服，也能引发自信情绪的共鸣	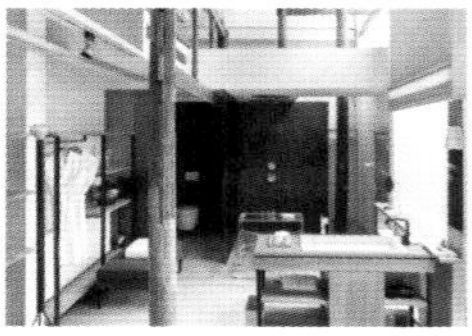
果实	成就感、自信、渴望	果实带来成就感，其味道所激发的自信情绪是一种渴望被欣赏的感觉，适合营造具有强大气场的自信空间	人们习惯在果实的味道中找到成就感，可利用果实的味道来营造自信情绪空间。比如，佛手柑具有振奋、澄清的特质，最能激发空间使用者积极、果断、有目标、有主见的自信情绪	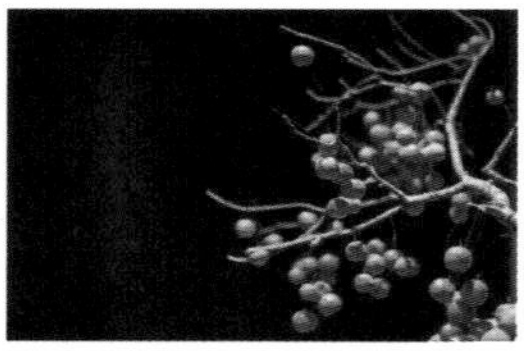

续表

类型	联想关键词	情绪联想	应用技巧	示例
种子	脆弱、生命力深邃、着迷	种子往往给人脆弱但充满生命力的感觉，深邃、值得回味，容易激发人们的着迷情绪	甜茴香具有澄澈、冲劲十足的特性，空间使用者缺乏创造力时，或心智沉溺于焦灼状态时，适合用甜茴香这类种子的气味来产生全新的情绪能量，激发出着迷情绪	
药草	激活、不可思议、赞叹	进入弥漫药草味道的空间，人的神经被莫名其妙地激活，好像这里有太多不可思议的感觉，令人赞叹	可利用快乐鼠尾草等药草类的味道来缓解都市人的紧张情绪、压力、强迫状态、脆弱和神经质特征，激发使用者的冷静、平和、振奋与活力	
香辛	吸引力、着迷	香辛料的味道让人特别想要去接触，是一种充满吸引力的味道，能够激发人们的着迷情绪	可利用香辛的味道来营造温暖和坚定的空间感受。如果空间出现不稳定的状态，或空间使用者有神经衰弱或内向的个性生理特征，建议使用肉桂一类的香辛味道，可激发着迷情绪	
根部	踏实、谦卑、自信、从容	根部的味道总能带给人很踏实的大地之感，它被土壤浸泡，那是一种非常谦卑的自信，淡定而从容	欧白芷根、生姜、岩兰草等根部的味道能够为人们带来温暖的自信情绪	

复合嗅觉的情绪联想

类型	联想关键词	情绪联想	应用技巧	示例
花朵+根部	美丽、踏实、稳定、完美	花朵绽放得如此美丽，让人忽略了眼前面临的事情，扎根在深深的泥土里，如此踏实而稳定，这是一种完美的结合	苦橙花油10滴+大马士革玫瑰10滴+佛手柑10滴	
花朵+种子+香料	美妙、释放、安抚	这是一种美妙的气味，帮助人们从低落、悲观的情绪中逃离出来，并且得到安抚	依兰依兰5滴+肉豆蔻10滴+芫荽5滴	
药草+果实+根部	放松、安宁、从容、平和	这是一种让人感到放松和安宁的气味，或许不是特别兴奋，但让人感受到从未有过的从容、平和	薰衣草10滴+柠檬5滴+岩兰草5滴	
花朵+木质+叶片	存在感、获得欣赏	这是一种渴望存在感的气味，希望获得人们的欣赏	混合雪松、依兰依兰以及月桂的气味	
药草+果实	强烈刺激、关注记忆、能量	以强烈的刺激引发极大的关注，这种味道充满记忆的能量	迷迭香+罗勒+沉香醇百里香+葡萄柚	

记忆嗅觉的情绪联想

类型	联想关键词	情绪联想	应用技巧	示例
护肤品	20世纪80年代香皂、护肤品、洗衣粉、回忆	20世纪80年代的香皂、护肤品、洗衣粉等各种味道引发对往事的回忆	卫生间各种物品所引发的记忆嗅觉通常最容易让人产生着迷的情绪，可利用人们记忆深处的嗅觉唤醒，将使用者的情绪保持在稳定的状态，从而获得不断深入的情绪体验	
书籍	陈年、油墨	泛黄的书籍、照片，还有陈年的油墨味道	可利用旧书籍的油墨味，营造令空间使用者感到自信和充满能量的情绪空间	
潮湿	雨后、潮湿、季节、记忆	雨后潮湿的气味总会勾起对过去相同季节的记忆	浓郁的湿气最适合营造禅静的情绪空间，让身心保持一种滋润的状态	
食物	米饭、烹饪、记忆嗅觉	烹饪菜肴的气味、用餐时熟悉的米饭香气是一种特殊的记忆嗅觉	在餐饮空间中，烹饪的味道最能激起使用者的赞叹情绪，特别是结合饥饿的生理特征，更是将对美食的赞叹发挥到极致	

程度嗅觉的情绪联想

类型	联想关键词	情绪联想	应用技巧	示例
浓	分子、敏感、紧张	分子链越长、越重，人们对嗅觉的敏感度就越高，容易引发紧张的情绪	樟脑的气味浓度越低，越有一种尿的味道，但气味变得浓郁时却有一股特殊的木质芬芳。可以利用这种木质芬芳来营造自信的情绪空间	
淡	臭、减轻、时长、愉快感	许多比较臭的味道，因浓度的降低而减轻，随着时间的流逝，人们对这种气味产生愉快感	从麝猫的性器官里分泌出来的麝猫香，浓度较高时闻起来是刺鼻的、令人不愉快的，但低浓度时确实有着惊人的香味。在运用气味来营造情绪空间时，一定要严格把握气味的配比	

空间嗅觉的情绪联想

类型	联想关键词	情绪联想	应用技巧	示例
卧室	荷尔蒙	过去人们首选的求婚地点是在栗子树下，因为这里有一种味道能刺激人们分泌荷尔蒙	接骨木花、欧椴树和栗子树有一股甜丝丝、淡淡的清香，这种清香被著名的气味学家定义为精液的气味。茉莉气味中的天然化学成分，是传统的生殖药草。这些气味适合用在卧室，营造快乐愉悦的情绪空间	

续表

类型	联想关键词	情绪联想	应用技巧	示例
厨房	开胃、增强、消化	这里需要一些刺激食欲的气味，不仅是美食本身的味道，还可以通过增强消化功能而很好地保护肠胃	甜杏仁、薰衣草、马郁兰或洋甘菊的复合气味能够呵护肠胃。可在厨房空间中适量运用这些气味，促使空间使用者更好地进餐，从而营造快乐自信的情绪空间	
书房	放松、减轻、活力	有些气味具有放松身心的作用，尤其是海洋的气味，可以使面部的肌肉紧张减轻大约20%，而轻松的情绪状态会让脑细胞富有活力	除了海洋的味道，罗勒、薄荷、玫瑰、橙花油、丁香的味道据说都可以提高人的清醒度，这不仅可以营造快乐的情绪空间，更是激发禅静情绪的好办法，还能增强空间使用者的记忆力	
客厅	温暖、舒服、自信	客厅是公共的场所，需要一些温暖的气味，让置身其中的每个人感到舒服和自信	可利用树脂类中乳香的味道，为客厅中的每位成员带来情绪的修复力，使彼此之间更加自信地交流	
儿童房	天性	淡淡的味道更适合孩子，选择天然的青草或药草味，最能释放孩子的天性	置入气味时最好选择天然花草，特别是儿童房的设计，天然的小雏菊陪伴孩子成长，激发孩子的着迷情绪	
卫浴间	抗菌、净化	这个特殊的场所，可以增加一些抗菌和净化的气味	可在这个区域增加一些葡萄柚、丝柏的味道，让空间使用者直接地面对自我、接纳自我，激发最真实的自我赞叹情绪	

触觉空间

皮肤被称为人脑的外层，是人脑的延伸，因此皮肤有着极其丰富的感觉，而触觉也被称为人类的第五感官，是最复杂的感官之一。

这是一个最有生物感知力的空间。双手在肌肤上轻轻滑过，你会感到身体和神经系统随之联动。早就有“心灵手巧”一说，手与脑神经、与情感的产生、与心理的状态都有着非常微妙的关系。触觉空间是一个纯粹以触觉为出发点而设计的空间。

触觉的生理解构

触觉是指分布于全身皮肤上的神经细胞，能够接收来自外界的温度、湿度、疼痛、压力、振动等方面的感觉。触觉的产生是生命进化过程中无比重大的事情,在人的感觉器官方面,关于触觉的研究和探索非常少，但触觉与人的健康、情绪、心理有着密不可分的关系。皮肤被称为人脑的外层，是人脑的延伸，因此皮肤有着极其丰富的感觉，而触觉也被称为人类的第五感官，是最复杂的感官之一。作为皮肤觉的一种，哪怕是轻微的接触也能刺激神经系统的反应,触觉感受器在面部、嘴唇、舌头、手指等部位的分布非常广泛，特别是在手上。

触觉活动心理分析

敲打键盘、点击鼠标、拿笔签字、端杯子喝水、从书架上取文件、手机响了接电话，等等。这一系列动作中，手作为重要的触觉器官，接触无数材质，而这些种类繁多的材质足以让大脑系统短路，但是没有，这些材质令人兴奋。触觉活动一刻都没有停止过，而且大多数是我们习以为常的，没有想去刻意做点什么。通过触摸不同的表面，人的身体产生不同的感受。从球场上大汗淋漓地跑下来时，触摸一扇玻璃窗户会觉得很舒服，而摸到毛茸茸的靠垫却让人觉得有些难受。相反地，如果这时从－3摄氏度的户外走进屋子，谁也不会愿意去触摸阳台的玻璃，客厅中的一个布艺抱枕可能都让人觉得温暖亲切。

专门为婴儿准备触觉球，在游戏区里采用不同的材质来铺陈，婴儿通过触摸不同的材质表面来刺激大脑发育。与触摸同样重要的是拥抱，这两种触觉需求本质上都源于“皮肤饥饿”的表现，是一种基本的生理需求。

拥抱是人类最原始的本能。国外很多人类行为学家的研究证明，一个从小在妈妈拥抱中成长的孩子，他的智力和性格都会发展得很好。相反地，如果孩子缺少妈妈的拥抱，性格会变得孤僻，心智也会受到严重影响。触觉是人类非常重要的感觉，和饥渴、睡眠一样，也会有需求，如果长期缺失则影响人的身体健康。抚摸、拥抱都是人类精神抚慰的需求，拥抱是自身“磁性”引力的反映，是最具感性分泌的安抚剂。不仅是婴儿需要拥抱，成年人、老年人同样需要拥抱，如果长期得不到拥抱和抚摸，会有强烈的孤独感。而一个长期不去拥抱和触摸别人的人会逐渐产生冷漠和寂寞的情绪，甚至由此导致感情枯竭，直至生命枯竭。

触觉的影响力远不止这些，还有很多未知的研究正在影响人类的生活。来自亲身感受的变化和作用才是最真切的，而触觉空间无处不在。

触觉空间的设计应用

以肌肤触觉激发不同情绪的空间称为触觉空间，触觉空间最具影响力之处在于安全感和舒适度的营造。触觉空间是以材料为基础的作用空间，空间中的不同材料能够激发不同的情绪状态，所以触觉空间带有一定的互动效应。下面探讨一下触觉空间的设计应用方法：

1. 到底是设计硬的还是软的？

以前有“手捧热茶，人更亲切”的说法，美国最近的一项研究发现，触摸材质表面会影响人的心理感觉。进行此项研究的美国麻省理工学院、哈佛大学和耶鲁大学的研究人员指出，触摸硬物时，人们通常产生稳定和严厉的感觉，同时粗糙的物体使人联想到困难。人们手里拿着重物时，会引发悲观的情绪，似乎整个环境变得沉重起来。研究人员还发现，坐硬椅子的人比坐软椅子的人态度更加坚定。

2. 到底是设计热的还是冷的？

皮肤接触物体时，人之所以产生不愉快的感觉，是由于接触的瞬间皮肤温度迅速下降，下降的程度因材料的不同而有所不同，产生舒服或不舒服的感觉也不同。

3. 到底是设计光滑的还是粗糙的？

研究人员发现，光滑的物体表面让人忽视其存在感，而粗糙的表面会引起对方的重视。如果想利用触觉营造着迷甚至赞叹的情绪，务必注意材质表面的形态。触摸粗糙表面，特别是这些粗糙表面结合轮廓分明的锯齿状边缘或棱角时，比触摸光滑瓷砖、平滑桌面更有紧张感和兴趣，充满兴奋感，而这种由触觉引发的兴奋感足以激发人的着迷情绪。需要注意的是，如果这样的粗糙变得圆润和自然，那么可以进入禅静情绪空间状态，比如粗布、粗麻或充满凹凸感的低折射墙面，让进入者更好地放松身心，获得宁静。

木材能够吸收湿气，平衡磁力，吸光、吸热，并且对人的自律神经系统具有调节作用。

4. 用触觉启发思考

这是一个单纯从触觉出发而设计的赤足进入的空间，地上铺满鹅卵石，进入者一点点流露出平缓而兴奋的情绪，这种充满力量的效果非常有利于进行拓展性思考。事实上，我们不可能仅仅利用一种感觉，触觉一定是伴随其他能量而出现的。

5. 区分不同材质的触感情绪表达

例如，木材的触感就比金属更加温和，在营造禅静空间时，木材是非常重要的元素，能够吸收湿气，平衡磁力，吸光、吸热，并且对人的自律神经系统具有调节作用。同样是自然材质，竹材的触感相对于木材更清凉一些。不仅如此，即便同为木材，从触感的角度也有软硬之分。相较于软木，硬木更适合营造自信情绪空间，比如，小叶紫檀的触感非常适用于自信情绪空间的营造。另一种非常适宜营造禅静情绪空间的元素是纸。美国设计师伊萨姆诺古基开创了纸质灯具的先河，其不同于中国传统的古代灯笼材料，采用电作为能量源，透过朦胧的纸张灯罩带来别样的宁静韵味。据说，北美地区的人喜欢在自己的家里摆放类似绒球的物品，触摸这样的绒球表面，使人感到心情舒畅，身心放松。为了营造自信的情绪，可以选择金属涂料、壁纸或者镜子等光滑的材质来装饰墙面，让空间充满力量感。因此，触觉空间充满节奏感，不同的材质在空间中共同演绎着一首美妙的乐曲。

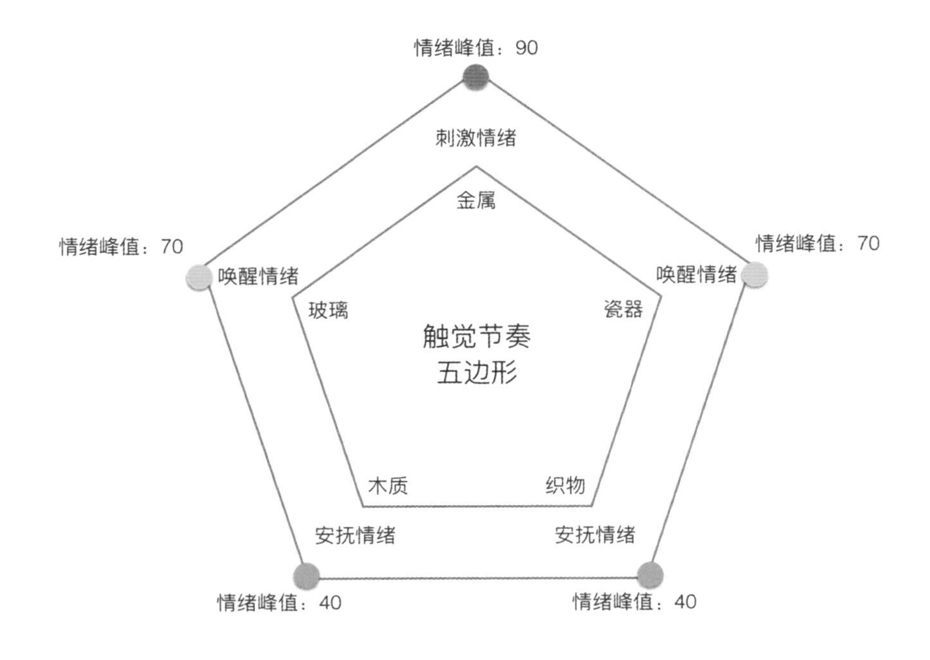

触觉节奏五边形

触觉空间材质情绪

材质类型	联想关键词	情绪联想	应用技巧	示例
木质	亲和力、透气性	木性天然具有极强的亲和力，冬暖夏凉，为空间带来极强的透气性	触摸木质有助于增强记忆力和自信心，适合营造自信的情绪空间。 办公室的书桌适宜采用木质，以增强使用者的学习和工作上的自信情绪	
植物	不光滑、湿度、新鲜、安静	碰触植物，能直接感觉到植物茎干上的不光滑、湿度，这是一种滋养，让人安静下来	可以为空间使用者提供触摸植物的机会，使其快速地放松下来，获得禅静情绪	

续表

材质类型	联想关键词	情绪联想	应用技巧	示例
藤编	按摩、手感、迟缓	人在触摸藤编材质时，会刺激神经末梢，让人不知不觉地迟缓下来，把注意力聚焦于触摸的手感	藤编的材质无论用于制作小型收纳物件还是家具，都让人产生着迷情绪，放松身心	
木质表面瓷砖	纯粹感、导热性、快速、温暖	这是一种带给人纯粹触感的材质，瓷砖最大的优势在于其良好的导热性，人的神经末梢能快速感受到温暖	相较于传统的冰冷瓷砖，木质瓷砖的触感带给人安宁的氛围	
传统瓷砖	简约、冷静、拒绝	传统瓷砖总是给人以裸露的直觉，也是一种非常直接的表达方式，有一种缺乏亲和力的冷静和拒绝的感觉	传统瓷砖在触感上虽然缺乏优势，但能营造出理性和禅静的情绪空间	
旧砖瓦	年代感、实用性、光影、触摸	带有年代感的砖瓦通常彰显的并非材质本身，在兼顾实用性的基础上，每片砖瓦都浓缩了光影的痕迹	巧妙地将旧砖瓦与现代空间相结合，在纷繁的都市中，这些旧砖瓦激起使用者内心的禅静情绪	
玻璃	透光性、光滑、粗糙	玻璃的透光性满足了人的偷窥欲，这是潜藏在内心深处的欲望。同时，玻璃可有效地运用自然光源	钢化玻璃具有耐压的特性，适合营造坚强自信的情绪空间。磨砂玻璃更具对抗性，反刺激神经末梢，引发类似于藤编材质的触感情绪效果	

续表

材质类型	联想关键词	情绪联想	应用技巧	示例
石材	棱角、尖锐、毛刺	石材是有棱角的，那细小尖锐的天然表面，不休地与肌肤层下的末梢神经对抗。其呈现的视觉效果，也让人忍不住想要触摸	这样的触摸不仅是单纯的情绪体验，更是一种记忆的提取和修复。不知不觉地与最单纯的时光链接，触摸与材质间形成情绪共鸣，彼此理解，产生深层的自信情绪	
亚克力	振动波、塑胶水晶、能量场、苍白	亚克力材质的振动波与玻璃材质不同，尽管被誉为“塑胶水晶”，但不具备类似的能量场。在触感上，亚克力摸起来更苍白，没有深层的情绪触动	直白的材质触感表达，更适合营造快乐的情绪空间。因为亚克力方便塑形，用亚克力材质能够营造快乐有趣的情绪空间	
金属	欣赏、狂野	没有谁想要触摸金属，这似乎是最没有人情味的材质之一，它注定是给人们欣赏的材质。它的表达更加狂野和无拘无束	可利用金属材质营造令人着迷甚至赞叹的情绪空间	
记忆棉	触压觉、缓慢、有趣、快乐	用不同的触压觉“试探”这种材质，它如树懒一般缓慢地记录下来，这是一番有趣而快乐的触觉体验，没有任何障碍和阻力	可利用记忆棉营造各种趣味空间，为使用者带来快乐和舒适感	

面料情绪

面料类型	联想关键词	情绪联想	应用技巧	示例
纱幔	唯美、浪漫、重叠	清代龚自珍在《水龙吟·题家绣山停琴听箫图》中曰："分明不是，山重水叠，几痕纱幔"	纱幔最适合营造重叠朦胧的立体空间，让人忍不住想要撩拨，这样的动作本身是一种缓缓而为，带来禅静安宁的情绪	
粗棉编织物	手感、着迷	纯棉纤维的织法有很多种，用粗棉编织制造出来的手感会更加引人入胜。在卧室空间，这样的纯棉编织物会比单纯的棉布更让人着迷	对于精神压力较大的空间使用者，可加入这样的面料元素，能够缓解压力，让其聚焦于编织细节	
毛呢	表现力、防皱、耐磨、柔软	这是一种极具表现力的触感方式。防皱耐磨，手感柔软，高雅挺括，适合增强空间质感，让人产生揉捏的欲望，增加了空间参与的可能性	对于缺乏安全感的空间使用者，加大空间触摸的可能性能够大大缓解紧张情绪，长期使用还能培养自信情绪，让每次触摸都变成一种抚慰	
棉布	自然	这样的纺织品如同人们身上的衣服，摸着它，拉扯它，触碰它，拂面而过……每次接触都是自然而然	棉布的手感毋庸置疑，它是最能带给人们温暖的面料，触摸时可以毫无顾忌，这是对自由的最大礼献，适合营造快乐情绪	

续表

面料类型	联想关键词	情绪联想	应用技巧	示例
皮革	主观、属性	皮革较昂贵。触摸皮革时，人们带着主观意识来感受，情绪更加复杂	皮革的触感更具延展性，随着时光的流逝，更具岁月的手感，可用皮革营造自信的情绪空间。对于缺乏自信的空间使用者，可根据其年龄，选择不同柔软度和年代的皮革装饰，从而增强面料的情绪影响力	
麻	粗糙、拙、涩	麻有些粗糙，是缺、拙、涩的代表，但深深地吸引触觉的神经末梢，引起关注，放松大脑	可利用不同的织物唤醒使用者的不同情绪反应。打造一个长期停留或片刻聚焦的空间，麻是面料中最适合的选择，细小的粗糙挑逗着人们触摸的乐趣，激发着迷的情绪效果	
绒毛	讨巧、快乐	绒毛是很好玩的面料，带给人讨巧的快乐。有数据表明，北美人天然喜欢绒毛带来的快乐情绪	绒毛有太多细小的表面值得触摸，每个细节都如此柔软，去发现，去揉捏，绒毛的触感让人自然快乐起来	

形状触感情绪

形状类型	联想关键词	情绪联想	应用技巧	示例
锯齿形	抵触、紧张感、亢奋	人在接触锯齿形状时最容易产生抵触心理，这是一种自我保护、害怕被伤害的心理特征，这样的紧张感让神经中枢长期处于亢奋状态	可利用锯齿设计营造出着迷和赞叹的情绪效果，锯齿状的装饰既前卫又现代，适合追求新鲜、冒险、刺激的使用者，不适合情绪焦虑型人格	
圆形	移动感、轻松、亲和力	这是一种不稳定状态，触摸带来的移动感具有预设性。圆形具有亲和力	圆形是容易带来快乐情绪和禅静情绪的形状，毫无障碍，最适合婴童、老年人以及缺乏安全感的成年人	
三棱角形	尺度、有限	相较于锯齿形，三棱角的形状是一种“眼神”，释放锋利的锐度，带来的情绪刺激是有限的	可利用三棱角的形状在空间中营造惊喜和着迷的情绪，为使用者提供小冒险的乐趣	
方形	规整、正式、有原则	规整的方形是传统且正式的表达方式，方形棱角没有三棱角那么锋利，但却有自己的原则	可以将方形的触摸方式提供给需要增强自信的空间使用者，这些潜意识里的规则有助于空间使用者发现自己性格的优劣势	
波浪形	柔软、温和、不确定	波浪形是圆形的延伸，比圆形更加柔软而温和，同时带有更多的不确定性	很多古典设计运用波浪形的元素，通过变换波浪形的相关元素，将各种装饰融入其中，可简亦可繁，所以触摸波浪形的设计非常有趣，能够激发人们的快乐情绪	

味觉空间

不同的味道能够为人的身体带来不同的感受，味觉空间是情绪空间中“锦上添花”的细节，利用食物本身的味道激发情绪变化，同时借助食物外形或气味利用通感产生不同的味觉反应。事实上，味觉空间是未来时尚设计的一个大趋势，愈发受到重视。

味觉的生理解构

味觉是指食物在人的口腔内，对味觉器官化学感受系统的刺激，并产生的一种感觉。每个味蕾由若干个味细胞组成，味细胞通过顶端的纤毛伸出味蕾小孔，判定溶解在水中的化学物质是什么味道。味细胞兴奋时，沿着神经系统传入大脑的味觉中枢，进而产生味觉。

味觉活动心理分析

人们饥饿时，会出现注意力不集中以及思考力和记忆力降低的情况，更严重的则产生疲惫、态度粗暴、紧张、不安甚至忧郁的状况。因为葡萄糖是脑部需要的能源，所以人在吃到糖果、饼干等甜食时，总能感到安抚和愉悦。味觉的影响力并不是纯粹和绝对的，例如人们对苦涩的味道总是比较排斥，觉得是不好的食物所带来的味道。但腹泻时，用石榴皮熬制的特效饮品虽然苦涩难忍，但并不会排斥它。因为石榴皮所含根皮碱对伤寒杆菌、痢疾杆菌等有很好的抑制作用，还能使肠黏膜收敛，分泌物减少。因此，一想到它能够有效治疗腹泻、痢疾等症状，以及喝完以后可以摆脱身体的不适，就会毫不犹豫地喝下去，而且这样的味道还能使人心情平静。很难说强烈的心理暗示对味觉有多大影响力，但其相互作用不容小觑。

味觉空间的设计应用

因味觉刺激、味觉联想以及味觉反应产生不同情绪状态的空间，被称为味觉空间。下面看一下味觉空间的设计应用方法。

1. 调适零压力的趣味办公空间

在办公室里，对着电脑屏幕忙碌的职员们，口香糖似乎成了标配。大家发现通过不断咀嚼即上下牙咬合的小动作能释放工作的压力，缓解紧张情绪。不仅如此，针对在会议室里一待好几个小时的头脑风暴，带一些果味小粒随身盒，从黑加仑到草莓再到可口可乐……从变换味觉到变换不同的心情，通过改变味觉刺激，让枯燥的大脑时刻处于兴奋状态，获得创意和灵感。

2. 设计更有好感的公共空间

想要让空间变得更自在，就要增加随意性，而最轻松的改变方式是随意取食。很多银行在等候区摆放糖果，很多商场的收银台和服装店的沙发区摆放糖果，很多餐厅也将薄荷糖作为随意取食的一种。相较于其他空间，更抽象、更具通感效用的很有可能只是看见某一个物件便引发味觉的反应，比如青柠从味觉上令人觉得很酸涩，舌尖分泌更多的唾液，突然想吃酸的东西。自助餐厅里的点心摆放得特别显眼，而一走进蛋糕房，嘴里生出浓浓的奶酪味道，就算没有吃到也觉得甜甜的。

3. 利用“心理聚光灯效应”改变人的情绪

这个有趣的方法正在被很多办公空间运用，比如下午为员工提供小点心，并且有专门的茶水间，从而增加员工的幸福感，暂时忘却前一秒的忙碌和烦乱。换言之，这是一个特殊的催眠形式。比如突然特别想吃杨枝甘露，所以在空间中品尝到杨枝甘露时，就觉得这是一个快乐的情绪空间。当味觉足够放大时，可能忽略周围的声音和视觉的色彩，这便是“心理聚光灯效应”。

4. 盘点实用的快乐情绪味觉元素

具体来说，甜的味道更适合营造快乐的情绪空间，因为人从生下来尝到的第一口初乳就是甜的，所以甜味让人感觉到安全，而只有在确保身心安全之后，才会进一步生发出快乐情绪。

大量的科学研究表明，巧克力能够带给人好心情，因为巧克力中的苯乙胺可以调节人的情绪。此外，巧克力含有丰富的镁元素，镁具有安神和抗抑郁的作用，例如一块44克重的德芙巧克力含有大约50.6毫克的镁。这种由味觉产生的幸福感和美好感受早已超越巧克力本身。甜食里的单糖和面包里的多糖促使大脑分泌一种化学物质，这种化学物质能够帮助人们平衡身心，更易入睡，并减轻对痛楚的敏感。此外，感到紧张、易怒、抑郁时，吃点甜食，可以改善不良情绪。因此，甜味是最基础的味觉，在味觉空间中甜味是一切味道的基础，想要营造情绪空间，譬如自信情绪空间、禅静情绪空间、着迷情绪空间、赞叹情绪空间，都必须以甜为基础而进行叠加。推荐的甜食包括蜂蜜、马卡龙、巧克力、蛋糕、冰激凌、糖果、奶油等，哪怕只是看到这些物品也可以产生快乐的情绪。

5. 设计自信情绪的味觉元素

苦是能够带来自信情绪的味道,它是一种非常内敛的体验,通常说到苦，人们会联想到药，而大部分药的作用是积极的，所谓“良药苦口”，药能治病，所以我们对它足够信赖。但另一方面，腐烂的食物会产生苦的味道，所以在苦的味觉体验中，我们可能感到不自信，或产生怀疑。这恰恰是甜这种味觉介入的最好时机，这是一种味觉平衡，从而营造积极的自信情绪空间。甜与苦两种味觉的配比或许需要设计师与空间进入者进行非常私密的对话交流，最好有针对性地拟定访谈提纲，从而更加准确地判断。

镁具有安神和抗抑郁的作用

综上所述，在酸、甜、苦、辣四种味觉体验中，酸和苦是比较内敛的味觉体验，甜和辣属于外向型。设计情绪空间时，综合味觉空间的特性，一般情况下熟悉的味觉能够带来快乐情绪和自信情绪，而新鲜的果蔬和从未接触过的味觉则带来着迷和赞叹的情绪效果，也许我们可以从味觉与情绪空间的关联（见下表）中获得启发。

味觉与情绪空间的关联

味觉类型	味觉联想	关联情绪	情绪空间
甜	棒棒糖、乳汁、亲吻	开心、幸福、快乐	快乐情绪空间
苦	药、变质的食物、坎坷	倔强、坚强、坚持	自信情绪空间
酸	山楂、未成熟的食物、麻烦	生涩、执着、着迷	着迷情绪空间
辣	辣椒、大蒜、吸引眼球、血压升高	亢奋、热情、震惊	赞叹情绪空间

味觉的情绪联想

味觉类型	情绪联想	应用技巧	示例
甜味	人们品尝到甜味时，促使大脑分泌一种化学物质，这种化学物质能够帮助平衡身心，使人更加快乐，减轻对痛苦的敏感	可适量将美食与空间设计相结合，营造更多空间使用的乐趣	
咖喱味	咖喱的味道很特别，据说可以减肥、抗癌、治疗感冒、增强记忆力、治疗头疼，还能防治老年痴呆	咖喱最具魅力之处在于，它是一种复合味道，将味觉与嗅觉完美结合。特别适合营造着迷和赞叹的情绪，开启神秘的探索欲望之旅	
辣味	这或许是味觉里最刺激的一种，根据程度的不同，它能够控制人的神经系统，直到让人泪流满面	可利用辣味来营造比较刺激的赞叹情绪空间。当然，通过与其他味觉的搭配，还能营造快乐的情绪氛围	
苦味	苦味是一种可以降低神经兴奋度的味道，所有青菜或多或少有些苦涩的味道，只是人们没完全觉察到	茶室、冥想或休憩的小区域适合利用苦味的食物，让空间使用者通过味觉降低神经兴奋度，身心得到平衡，营造禅静情绪空间	
酸味	中医讲五脏（肝、心、脾、肺、肾）对应五味（酸、苦、甘、辛、咸），酸味对应肝，对肝气有收敛作用。情绪上酸味可以安抚急躁的脾气，增加专注度	可利用酸味吸引空间进入者的注意，想要制造一些特殊的情绪体验，可在空间入口处提供一些酸性食物，从而提高兴趣点，营造着迷的情绪空间	
清淡味	饮食清淡让人头脑冷静、清晰，体会到一种难得的安定感	俗语说“非淡泊无以明志”，设计师与空间使用者之间达成一种心灵的默契，不仅是设计空间，更是一种情志的调节	
咸鲜味	鲜美的味道让人“渐入佳境”，通过刺激人的味觉而感觉到鲜味，发挥其功效	根据“鲜”的造字方式可以看出，美是羊大为美，鲜是鱼羊为鲜。这种由味觉引发的美好情绪体验，适用于积极的情绪空间中	

光感空间

意大利有一句谚语："在没有太阳的地方就得有医生。"有专家指出，较低的光线水平有助于放松身心，而明亮的光线使人们充满活力。

光感空间即单纯由光营造出来的情绪空间，隶属于触觉空间，是皮肤觉的一部分，同时是视觉空间的延伸。

光感空间心理分析

意大利有一句谚语："在没有太阳的地方就得有医生。"有专家指出，较低的光线水平有助于放松身心，而明亮的光线使人们充满活力。通过光线的变换，人的生理和心理受到不同程度的刺激。光感空间对于情绪营造具有重要影响。不同的色彩在不同的光照强度下呈现不同的情绪反应，人们对于色彩的敏感度也会因为成长阶段的光照强度而产生不同的情绪反应。例如，在北欧长大的人，生活中缺乏阳光，粉色能让他们感觉到愉悦。营造快乐情绪空间时，光照的作用表现得非常明显，美国西部和佛罗里达的日照率高达80%,所以人们比较喜欢红色、橙色、黄色等暖色调。

光感空间的设计应用

光无处不在，时刻影响着我们。阴雨天我们喜欢慵懒地躲在沙发或被窝里看书、睡懒觉，而阳光明媚时则喜欢在操场上跑步。下面介绍光感空间的设计应用方法。

1. 提高效率，避免疲惫光线

700勒克斯的光线可以将人们从睡梦中唤醒，而待在100勒克斯的光线中比待在300勒克斯的光线中更容易产生疲惫感。在工作区域，习惯用白色光线的日光灯进行照明，而回到家里则习惯用温暖的白炽灯，因为它让人备感舒适。人们喜欢在阳光下工作学习，有助于提高工作效率，同时有一个不错的心情。

2.自然光线的巧妙运用

想要营造一个快乐情绪空间，足够的日光非常重要。太阳光产生的维生素D能够制造快乐因子，营造愉悦快乐的情绪空间。你会发现，快感是分层级的，“up”是亢奋，而我们要的是刚刚好的舒服状态，不需激光和人造光源刺激感官和肌肤进行疲劳消费。这样的快乐情绪空间具有强烈的恢复作用，带给人能量。在日光之外，人们非常喜欢夏日大树下斑驳的光影，它与浓烈的日光形成强烈的反差，能够营造禅静情绪空间，让人联想到建筑内的中庭或天井空间，或许只有午后那一米阳光，让这样的快乐和禅静变得如此难能可贵。

3.冷白灯光让人产生压力

如果想要用人造光源来营造快乐的情绪空间，那么可以选择暖白灯光，这是充满快乐能量的光源，让进入其间的人感到身心愉悦，保持好心情。相较于全光谱灯光，冷白灯光让人产生压力，不适宜用在快乐的情绪空间中。更有趣的是，冷色调和暖色调的灯光并存时，人的内心产生快乐的情绪，或许这样不同照明的交替使用可以为快乐情绪空间的营造提供更多的设计方案。

4.设计禅静情绪空间

相较于1500勒克斯的照明空间，150勒克斯的暗空间让人更想安静下来，获得创造力和原生能量，这或许适合禅静空间的设计。来自大自然的光照反射，例如土壤、空气、水、植物等引起的肌肉对光较低程度的紧张度，让人非常放松。在禅静情绪空间中，可多摆放一些自然植物，增加原木等原生态元素，因为不仅有物质本身的情绪作用力，还有光照折射后诱发的情绪反应。

5.点光源更容易聚焦自信情绪

想要营造自信情绪空间，可在空间中加入紫外线照射。紫外线照射能够刺激肾上腺功能，肾上腺功能不良时，人变得缺乏力量，适当的紫外线照射能够增加力量，营造自信的情绪空间。相较于散射光，点光源能够聚焦，适合营造自信的情绪空间。比如，在一个10平方米的空间中，如果利用隐藏式光源设计，空间比较散漫放松；而利用点光源，则让人集中注意力，更加专注。除此之外，3000 K的暖白灯光经常用于赌场和股票经纪人的办公室，能增强进入者的自信，使其更有冒险精神。

建筑装饰材料对光的反射率

材料名称	反射率	情绪反应
金属材料	85%	赞叹、惊讶
松木	61%	禅定、安静
扁柏	53%	静谧、冷静
混凝土	55%	空寂、幽静
植物	25%	舒畅、愉悦

光感的情绪联想

光感类型	联想关键词	情绪联想	应用技巧	示例
紫外光	刺激、光影	紫外光带给人科幻与神秘的感觉，如同进入一个给人强烈刺激的秘密空间，并且紫外光不断变化，制造出各种幻影	紫外光适合营造神秘的着迷和赞叹空间,利用投影仪+镁光灯，制造紫外光的奇幻效果	
苏醒光	柔和、自然、禅静	日本神户大学教授冈村均发现，光照射视网膜时，大脑中的生物钟中枢发出指令，使肾上腺皮质分泌大量类固醇激素，类固醇激素激活脑细胞，从而让人迎来清爽的“黎明苏醒”	苏醒光适合营造禅静情绪，利用纱幔+日照空间方位渗透进苏醒光	
趣味光	兴趣、特殊、愉快	趣味光线来源于创造力，一些特殊场合用到这样的光线，用光来叙述情节表达	用聚光灯营造神秘和关注的氛围，激发快乐情绪	
生长光	生命力、积极	生长光不仅提供光和热，还能带来成长所需的足够的营养，非常宝贵	生长光特别适合情绪低落、自卑和抑郁的空间使用者，有助于提升情绪兴奋度，营造自信的情绪氛围	
后退光	默默、守候	后退光总让人想到一种默默的呵护，好像有个守候自己的人一样	光线能够很好地安抚进入者的情绪，营造禅静情绪空间	
装饰光	比拟、愉悦	装饰光沿用后退光的概念，营造水漾波浪或者霓虹初现的各种感官体验	装饰光能够提升进入者对空间的视觉感受力，增强空间的立体效果，营造愉悦快乐的情绪氛围	
阅读光	安静、陪伴	这样的光线具有陪伴功能，便于静心阅读，同时不会感到视觉疲劳	好的阅读光能够烘托空间的禅静氛围，在宁静中缓缓而读，让使用者越来越自信	

人体空间

人体空间并不单纯是以人体工程学为基础的空间，或以探讨人体舒适度为目的的空间。它是指人体的私密距离范围内的空间，这样的空间如影随形。霍尔（1982）发现，从身体向外延伸45.72厘米的区域都可以作为私人空间。情绪空间的辐射范围包括但并不限于室内空间，还包括服装设计、气场和社交礼仪等可移动的空间。譬如，周末郊游时身体接触到的大自然、上班通勤时所看到的广告牌、摸到的地铁扶手等，都是构成人体空间的元素。因此，在人体空间中，我们可能重新认识情绪空间的概念，而这也需要更长时间的研究和发现。

人体空间心理分析

男人比女人更容易感受到拥挤，拥挤时承受的压力更大，这样的心理发现非常有利于不同情绪空间的设计。另一个很有趣的人体空间概念是比例，不同的比例总能带给我们惊喜。通常对称的比例比非对称比例更有安全感，因此有助于营造自信的情绪空间；反之，非对称比例更加活泼有趣，适合营造快乐的情绪空间。

人体空间的设计应用

人体对于高度的感知很多情况下来自自身尺寸和肢体活动范围。消除拥挤除了激发人的自信情绪，还可以让人的心情变好，有助于快乐情绪空间的营造。下面看一下人体空间的设计应用方法。

1. 为男人设计一个自信情绪空间

如果想要营造自信的情绪空间，让人自如地工作和生活，那么可选择更具延伸性或横卧式的家具。这或许能够解释为什么男性更喜欢沙发床。不仅如此，男人的视线范围比女人广阔，更喜欢空旷的空间，所以较大面积的空间更适合为男人营造自信情绪空间。如果他在成长中受到某些条件影响，则需调整尺度。消除拥挤的办法有很多种，当然这些方法也适合营造自信情绪空间，比如，相较于长形空间，男人更喜欢方形空间，而充满艺术感和创造力的男性更偏向于圆形空间（可参见设计师张海翱的私人情绪空间元素分析），但如果是圆形则需要更大的面积，从而避免拥挤。在右页的空间元素制造拥挤度参考值与情绪反应的表格中，为不同的空间元素设定了拥挤度参考值，便于设计师进行空间设计。

相较于长形空间，男人更喜欢方形空间，而充满艺术感和创造力的男人更偏向于圆形空间。

空间元素制造拥挤度参考值与情绪反应

空间类型	空间元素	拥挤度参考值	情绪反应	原因分析
高层建筑中的楼层分布	10层以上	0.3	开阔、舒畅、愉悦	随着居住楼层的增高，居住者可看到较低楼层中看不到的景观，拥挤感逐渐减弱
	10层以下	0.6	压抑、拥挤、紧张	
公寓走廊长短分布	长走廊	0.74	紧张、恐惧、担忧	即便是同样宽度的走廊，进入者在走廊空间中会非常直观地判断有多少人在和自己分享走廊空间
	短走廊	0.53	舒缓、自然	
墙壁线条	直线形墙壁	0.32	开阔、舒畅	直线形墙壁会比曲线形墙壁更加宽敞，忽略掉墙面的存在感，才能让进入者感觉更自由
	曲线形墙壁	0.87	拥挤、复杂、麻烦	
天花板	低天花板	0.7	私密、安全、压抑	低矮的天花板增强私密性，同时压抑情绪。人通常习惯包裹，但同时也觉得其是种束缚
	高天花板	0.3	轻松、宽敞、自在	
室内空间设计	浅色壁纸	0.3	开阔、轻松、快乐	较浅明亮的空间让人感觉宽敞而不拥挤
	照明水平高	0.25	畅快、兴奋、愉悦	整体光线水平越高，空间看起来越宽敞
	大窗户	0.1	放松、惬意	越小的空间越要配备大窗户，以降低拥挤感
其他类型元素	空书架	0.26	自由、热爱、好奇	空书架不仅给人通透的感觉，还能增加各种可能性，让人充满好奇
	逃生出口和分散人的注意力的设计	0.35	宽敞、愉悦、高兴	长长的走道总是让人感到乏味，但如果每隔一处摆放雕塑，便可分散人的注意力，让人轻松而愉悦地完成整个进入过程，同时忽略拥挤感
	脏乱空间	0.9	烦躁、压抑、不愉快	脏乱的空间有更多的元素刺激人的视觉，引发思考，给人拥挤、紧张感。整洁空间能化繁为简，愉悦身心
	整洁空间	0.3	舒适、轻松、自如	

2. 挑战极限，设计极致空间

空间的高度或宽度远远大于自身时，人容易产生着迷和赞叹的情绪，同时自信感降低。以故宫太和殿为例，高26.92米，连同台基通高35.05米，是故宫最大的宫殿，明清两朝24个皇帝在太和殿举行盛大典礼，如皇帝登基、皇帝大婚、册立皇后、命将出征等。不仅如此，其上为重檐庑殿顶，屋脊两端安有高3.40米、重约4300千克的大吻。檐角安放10个走兽，数量之多，为现存古建筑中所仅见。恰恰是这些超乎想象的尺度、重量和数量让进入者产生着迷和赞叹的情绪，从而放低身姿，更加谦卑地和情绪空间进行交流，所以大多数宫殿、博物馆、艺术馆遵循着迷情绪空间或赞叹情绪空间的原则进行设计。不仅如此，很多餐饮空间设计也从这个角度进行考量，比如借用独特的湖畔景致，或者直接利用都市中制高点进行设计，其实是对于人体空间延伸和不可限量的一个挑战，恰恰如此才最适合营造赞叹情绪空间。

3. 用设计诱发谦卑情绪状态

笔者曾经拜访一位艺术家的宅邸，是京城的一个典型的四合院，日常出入的正屋大门关闭着，除非是重大节日或者家有喜事时才打开。于是，他在屋内的侧墙上开了一个小门，高1.5米左右，宽不过70厘米，平日朋友拜访时，需要弯腰屈膝低头才能进入那个小门，然后经过一条同样狭窄而长长的甬道，到达主厅，顿时呈现开阔自然的大门。整个设计呈围合式，路径围绕正屋展开，充分体现人体空间的不同感受力，每个精心设计的区域都是一个不同的情绪空间。肢体弯曲时，人不自觉地感到谦卑，这恰恰是对于主人的尊重。主人在前方引路，与主人同行，行走在狭窄的甬道时，突然感到人与人之间彼此靠近的距离，让客人与主人多了一份情谊。如果没有前面这一段低矮拥挤狭长的设计，你不会在踏入正屋的那一瞬间，感到豁然开朗的愉悦和快乐。所谓“山重水复疑无路，柳暗花明又一村”，其实是对人体空间设计应用的绝妙把握。

人体空间的情绪联想

空间类型	联想关键词	情绪联想	应用技巧	示例
过窄的走廊	保护、神秘、安全感、赞叹	以700毫米为标准，小于700毫米的过道让人产生被压迫的紧张感，身体的紧张感引发神经系统的快速反应，产生短暂的焦虑和紧张情绪	狭窄的走廊在苏州园林式设计中经常出现，内部空间局促时，狭窄的走廊反而激发引人入胜的赞叹和着迷情绪。小于或等于700毫米让人产生被关注的着迷情绪	
圆形的空间	自由、圆满、顺畅、快乐	圆形空间让人觉得很舒服，这种感觉不仅来自身体的不受束缚，更来自心理的圆满体验	在弧形的空间中，人们更愿意一直走下去，特别是其中没有阻隔的墙面，让一切变得顺畅，情绪很愉快。相较于方形空间，人更乐于生活在圆形空间中	
低矮的床	回归、原始、放松	普通床的高度大约为44厘米（此高度为被褥面距地面高度），选择低矮的床让人产生席地而坐的放松感，似乎回归原始生活	相较于标准的尺寸，低矮的床更让人感到放松。25厘米的高度适合摆放床垫或孩子玩耍，30厘米的高度适合增加床的储物功能（低于40厘米的床令人身心放松）	
软包的墙面	亲和力、安全感、快乐	软包不只是儿童游戏区的专利，人们很喜欢软软的东西，相较于地面，墙面的软包更具亲和力	软包的墙面在水疗房中可增加通感的触觉体验，产生安全感和快乐情绪	

续表

空间类型	联想关键词	情绪联想	应用技巧	示例
宽大的沙发	自由、多功能、舒服	男人更喜欢宽敞的空间和宽大的沙发，在同样的面积下或许需要一些多功能空间，他们会觉得更加自由和舒服	增强沙发的功能性，能够在小空间中为男人争得更多的空间和自由感，利用多功能沙发可以营造让男人感到快乐的情绪空间	
自由的空气	新鲜、自然、自信	任何新风装置都比不上自然空间。人特别青睐自然空间，从室内到室外，总是忍不住地深呼吸	尽量在空间设计中增加与户外互通的区域，譬如露台，这可以增加人体舒适度，为人们带来自信情绪	
传统屋顶	祈祷、合十、禅静	传统硬山顶的屋顶设计让人联想到双手合十的安宁、祈祷之美	在公共空间中，屋顶设计带给人一种禅静安宁的情绪	
教堂建筑	超乎想象、大尺寸、着迷	德国科隆大教堂耗时超过600年，至今仍修缮不断，这本身是一件超乎想象的事情，让人产生特殊的心理效果	想要营造赞叹和着迷的情绪，除了空间本身的元素运用，挖掘建筑或空间的历史元素也是个好办法	
博物馆建筑	原汁原味、激动、赞叹	美国航天航空博物馆中陈列了大量二战时期的飞机，每个元素成为情绪爆发的起点	避免阻隔、多维度，自然呈现是博物馆建筑营造赞叹情绪的关键点	

第五节 为什么不同的人喜欢不同的装饰风格

一种风格代表一种情绪。美式乡村、美式工业、欧式古典、地中海风格、新中式……稍加调试便生出一种新的风格。大多数非专业人士并不能准确地说出自己想要的风格,但却能感受出哪个空间比较舒服。皮克菲尔德的《气场》一书中有这样一句话,"有生命就有气场,它是我们戴在身上无形的精神符号,它不需要说话,也不需要特意说明,便能为你打开与人交往的第一扇大门。"正因如此,不同气场的人相互吸引和排斥,产生作用。这或许能解释为什么不同的人喜欢不同的装饰风格。

每个人都有自己的气场,且在无形中找寻自己的气场,而情绪空间是最能带给我们气场的地方,正能量递增,负能量抵消。

什么人喜欢美式乡村风格

关键词:自信、宽容、智慧

宽大的坐垫、厚重的体积、无雕饰的家具、原始的纹理与质感、仿古的瘢痕与虫蛀痕迹……这是粗犷的美式风格。体积感与重量感让人心生仰慕,喜欢美式乡村风格的人崇尚自由,热心慈善,有严格的是非界限,宽容、客观、智慧是其思想精髓。他们拥有超高的工作效率,也是最具有魅力的演说家。他们喜欢具有历史感的东西,橡木色的地板会让他们感觉到踏实。他们不喜欢带有超强反光折射效果的装饰品——觉得肤浅。他们无法容忍穷困潦倒,因此更加努力维护自身的地位和尊严。由于热爱工作,所以往往精神紧张,甚至有抑郁的可能。这就不难理解,为什么很多喜欢美式乡村风格的人有宗教信仰,他们把自己对生活的不理解交付于宗教,期盼更加心安。美式乡村风格设计传递出来的自信,使这群人向着更加积极的方向发展,他们通常具有企业家的特质,勇敢而乐观,总能带给周围的人快乐和自信。正因如此,他们需要一个"能量补给站",自信也需要加加油,而美式乡村风格正好给他们提供了缓冲,让其干劲十足、信心百倍。

什么人喜欢地中海风格

关键词：平和、安宁、善良

阿拉伯风格水池，四水归堂的天井院子，梦幻色彩线条，仿古的地砖，藤桌椅，吊篮红瓦，意大利南部的金黄色向日葵，锻铁枝形的吊灯下一张容纳8～12人用餐的长方形长桌——这就是地中海风格，一个最具有快乐和幸福感的空间。据说只有地中海的蓝色是全世界人民都喜欢的颜色。喜欢地中海风格的人，内心平静而安宁。喜欢地中海风格的男生，没有太多的权力欲望，生活简单到只要有点阳光就好，是居家型暖男。喜欢地中海风格的女生，愿意付出，很喜欢厨房的味道，是绝对的环保主义者，生活的满足让她无需再用物质来填充自己。热爱和平，热爱阳光，他们会用最和谐的能量来解决生活中遇到的问题。

什么人喜欢古典欧式风格

关键词：进取、卓越、有魅力

华丽的装饰、浓烈的色彩、精美的造型，柚木、橡木、樱桃木，天鹅绒、锦缎、皮革，包金箔的雕饰，带有风景、人物和动植物的纹样，宽敞的大空间，设计讲究厚重凝练，所有装饰元素有过之而无不及——这就是古典欧式风格。喜欢古典欧式风格的人带着贵族气质而生，天生具有艺术魅力和极强的吸引力，富有进取精神，非常讨人喜欢。古典欧式风格释放的是赞叹的情绪空间，每个细节精致到无法超越。

什么人喜欢新中式风格

关键词：内敛、敏锐、稳重

以明清家具为主，字画、匾幅、挂屏、盆景、瓷器、古玩、屏风、博古架等，熟悉的花鸟鱼虫装饰细节，富于变化但清晰可见，向内围合的小院子，最大限度地保障私密性——这些是新中式风格的元素。喜欢新中式风格的人，在历史中发现惊喜和神奇。这是一种很厉害的本领，他们时时刻刻保持巨大的热情，强大的洞察力赋予其无限的能量，滋养其生命。喜欢新中式风格的人通常情绪比较稳定，很少有大起大落，和谐而安宁。

什么人喜欢现代简约风格

关键词：利落、清晰、简约

注重布局与色彩、材料的搭配，强调功能、结构和形式，追求材料、技术与空间的完美结合，少即是多——这就是现代简约风格，传递着快乐、愉悦、轻松的感受。喜欢现代简约风格的人不在意感官之美，喜欢家里干干净净，特别是白色的瓷砖不能有丝毫瑕疵，这并非追求完美，而是一种对于品位的严苛。喜欢现代简约风格的人，精神极度紧张，希望做得更好，以至于很多时候无法释放自我，或许能够解释他们为什么喜欢现代简约风格，因为大脑已经很累，不想再让视觉增加负担。一旦犯错，他们会非常羞愧，罪恶感、自责等众多负面情绪通通跑出来，压得喘不过气来。

什么人喜欢东南亚风格

关键词：信仰、忠诚、有爱

天然原材料、印度尼西亚藤条、泰国木皮，原木色、褐色、咖啡色，泥土感的颜色搭配着纱幔、树根、竹帘——这就是东南亚风格。原生态的棕榈叶、芭蕉叶……都是有趣的自然之物。喜欢东南亚风格的人充满爱心，最能体谅他人的难处，非常喜欢参加各种慈善公益活动。周末，他们开车去敬老院或育幼院帮忙，乐于付出、乐善好施，在约有30％的理财基金用于慈善公益项目。这是一个自然而然的行为习惯，成为生活的一部分。住在东南亚风格的室内空间里，被大自然的灵气环抱，各种植物和原生态的感觉如同药草一般释放着、呼吸着，而人自然而然被感染。就像一位虔诚的皈依者，带着忠实的信仰和安宁的内心世界，禅静而淡定。这是一个良性循环的过程。东南亚风格带有降噪和平静的作用，可营造禅静的空间情绪，顺应便能五感归一，需要宁静、回归、清晰思考和放松神经时，东南亚风格一定非常适合。

什么人喜欢日式风格

关键词：深邃、雅致、内省

讲究淡雅节制，禅意深邃，喜欢水泥表面，喜欢透光和明亮的感觉，和风面料中偶尔带着碎花的典雅色调，华丽而鲜艳地提亮空间——这就是日式风格。喜欢日式风格的人是给予者和观察者，渴望了解整个世界，知识是赖以生存的必需品，认为科技和各种新兴知识的学习与运用非常重要。同时，深知传统文化对于民族发展的重要性。在柔和、宁静的空间中，安静下来，内观灵魂深处的需求和价值。而后，走出去，探寻更多的环境变化，开阔眼界。日式风格传递出禅静、安谧的情绪，而这正好迎合一群同样睿智聪慧的观察者的需求，一拍即合，便是喜欢日式风格的这群人。

什么人喜欢新古典风格

关键词：迷人、富有生机、浪漫

在奢华的基础上少了繁文缛节，为现代人所接受，在复古中加入时尚元素，更加简约而新颖——这就是新古典风格。喜欢新古典风格的人，使他们振奋的或许并不只是事情本身，还有血脉里所带有的活力源泉，为某个动心的设计而着迷，这种着迷可以整日整夜让他们亢奋。他们很少遇到麻烦，似乎上天总是眷顾这样的宠儿。思想着迷于某件事时，变得很简单，表情也会变得非常专注。在着迷的情绪空间中，他们得到更大的认同和安抚，用以平衡这种情绪。

总之，每种风格释放一种情绪，而每种情绪专属于某一类人。不同的人喜欢不同的风格，人在不同的时期会改变喜欢的风格，因为情绪总是在变化的。

con mis fantasmas me he hecho un vestido
y nos vamos de fiesta
Amisén

第三章 情绪空间的类别

第一节 快乐情绪空间及案例应用分析

快乐情绪空间并不仅仅带来快乐，它可以让人抵御负能量，置身其中，变得豁达、开阔、大气，不那么在意周围的事物，不容易受到旁人的影响，把注意力转移到自己的情绪节点，目标明确地寻找快乐之源，远离那些感觉不好的东西。

快乐情绪空间是指经过精心设计、布置和安排，人们置身其中而产生快乐愉悦的情绪反应的空间。打造一个快乐情绪空间，需要遵循如下法则：①适宜的搭配比例；②可增减的空间元素；③富有创意的设计技法；④因人而异的调节方式；⑤目标明确的装饰原则。

圆润的物体，温和的气候，和缓、反复、协调悦耳的声音，甜蜜、清新的气味……快乐情绪空间由八种情绪空间构成，它们以不同的形态不定时出现，并且逐一趋紧，最终构成快乐情绪空间的恒久状态。要把握整体的格调，从线条来看，呈上升趋势的线条带给人快乐的情绪感受。

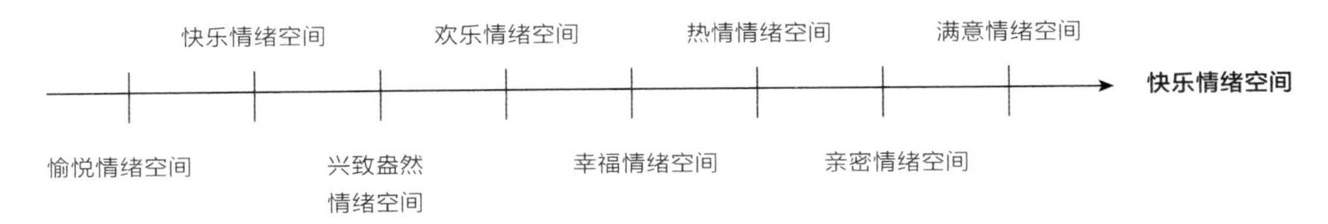

快乐情绪空间构成轴

下面介绍一些具体的操作方法：

1.改变自我的角色

在未来，建筑师与设计师越来越像一位导演，进入空间的人如同演员，导演懂得控制空间元素对演员产生各种情绪反应。如果导演一个德国人的快乐情绪空间，那么真实而厚重的墙壁与门，以及坚固的家具必不可少，所以家具越厚重，越难以搬动，他们越热爱这个快乐情绪空间。

2.找到令人快乐的材质

相较于木质,树脂、亚克力一类富有新意的创新材料可带来不同的设计亮点，让人感到好玩和快乐。当然，这要因人而异，但大部分人对未知总是充满好奇的，需把握一定的尺度，这或许能够解释菲利普斯达克的幽灵椅受欢迎的原因，因为它给空间带来兴奋点。

3.找到令人快乐的视觉元素

目标定位为女性空间，粉色比红色更能给女性带来快乐和幸福的情绪感受。以婴儿房为例，孩子在出生2～3个月之后，空间内需要增加一些小黄鸭、玲珑球或彩虹碗一类迅速抓住孩子眼球的小物件，如果这时母亲经常穿着橙色等明度高的衣服，那么孩子则更喜欢和母亲一起玩耍，可增加空间的愉悦因子，所以进行软装设计时尽量搭配符合使用者性格特征的服饰。如果空间中有5个月以下的宝宝，那么应当避免使用黑色、蓝色和紫色等冷色调。

4. 找到令人快乐的味觉体验

想要营造快乐情绪空间，非常好的办法是在空间中加入自然食物的元素，比如红萝卜、樱桃、草莓。研究发现草莓是最具快乐因子的水果，草莓独特的甜美香气可以唤起令人开心的回忆。草莓具有难以抵挡的诱惑力，86%的人只要一想到吃草莓，就会感觉很放松。

五种不同水果对人的情绪影响

水果名称	成分分析	情绪反应
香蕉	含有的色氨酸和维生素B6，可以帮助大脑制造血清素，减少忧郁	自信
葡萄柚	含有大量的维生素C，可以增强身体抵抗力	积极
草莓	含有有益健康的叶酸，具有美白的功效	开心
榴莲	氨基酸种类丰富，滋阴壮阳	赞叹/抵触
释迦	所含的营养成分具有激活脑细胞的功效	冷静

空间色彩应用

案例一　简约童趣，让设计传递快乐

设计师：丽吉娅·凯萨诺娃（葡萄牙）

圆形的波点画面是快乐情绪空间很好的营造元素，加上最受女性喜欢的粉色，搭配自然暖光，整个画面很有幸福感和愉悦感。

这个画面包含多个快乐情绪空间元素。首先粉色是最能带给女性快乐和幸福感的颜色，一个非正常比例的高幅画作带来视觉的强烈刺激，不仅如此，同样延续笑脸的线条，在所有线条中嘴部的微表情最能产生情绪空间的影响力。心理学家曾经分析，嘴角上挑的人，90%以上非常开朗、快乐，所以丽吉娅·凯萨诺娃选择这样的画作自然而然地传递出快乐的情绪。同时，搭配角落的单人椅，座椅下凹的弧线恰好符合哈哈大笑时的表情线条，因此很好地营造出一个快乐的情绪空间。

葡萄牙设计师丽吉娅·凯萨诺娃是一位以“制造快乐空间”为设计座右铭的设计师，所以在空间中多运用让人快乐和开心的画作。开心的情绪具有感染力，向上翘起的嘴角正好符合线条分析中的积极乐观的情绪表现，巧妙利用门后躲藏的效果，描绘出情节丰富的画面，营造一个快乐的情绪空间。

案例二　20 平方米低情绪空间演绎“120 平方米”情绪空间状态

设计师：张海翱

张海翱，上海华都建筑规划设计有限公司总经理助理、国际所所长。曾获得全国工程建设项目优秀设计成果一等奖、詹天佑奖、鲁班奖、中国设计红星奖等奖项。他坚持用设计的线条、空间、结构和形态诠释中国建筑哲学中的“天人合一”思想。敢于走在时代之前，赋予建筑独一无二的想象力和前卫精神。

业主是一对现居北京的90后跨国夫妻，拥有一套20平方米的爱巢。原来的空间非常狭小，而且层高有限，居住起来非常不便，闷热、潮湿、隔声差是生活常态。这对跨国夫妻希望通过设计师的创意，改善居住环境。

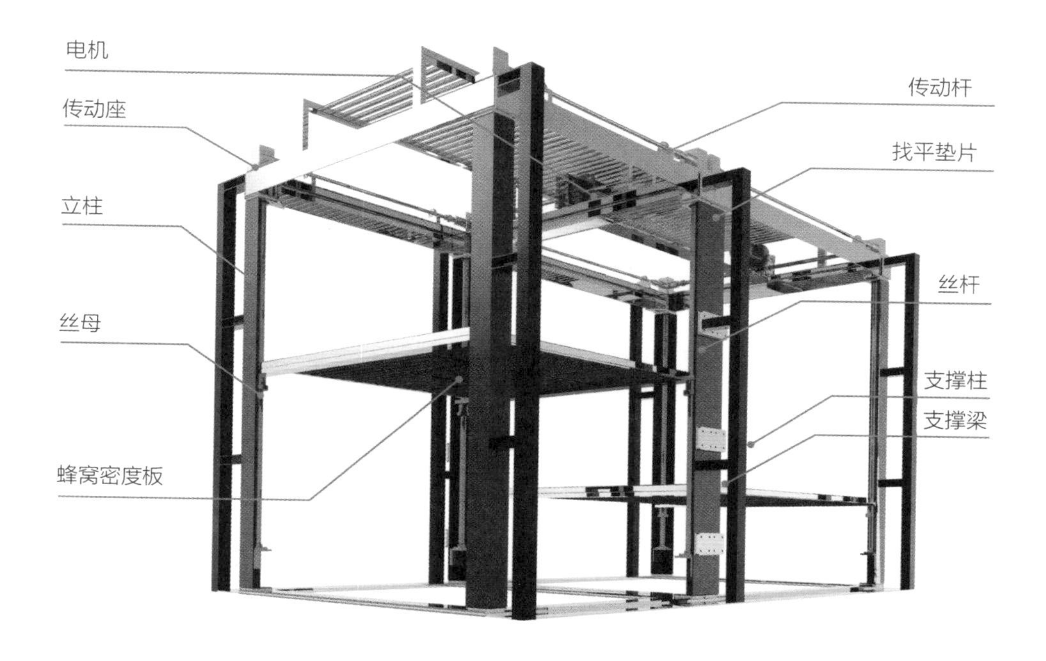

结构分析

20平方米变成120平方米的设计项目，一开始令人非常崩溃，基本上是一个格子间，上下左右没办法扩展，所以张海翱从功能上入手。房间净高3.4米，作为一层使用有些浪费，隔出两层则上下空间均不足，这是整个项目的关键，也是难点，解决了层高问题，便可以变化衍生出大量空间。

这是诠释情绪与空间的最佳案例，为此张海翱仔细分析各个设计元素和屋主之间的情绪关联，依据屋主一天和一周的活动轨迹，主要利用不同模式下材料的变化来形成不同的情绪空间感受，关注材质的变化，比如用粗犷的红砖代表运动，用暖色的木材代表书房。不仅如此，整个空间对收纳整理有极高的要求，比如由于床上不能放很多东西，也不能把屋子堆得乱七八糟，于是在机械楼板两侧做了通高的柜体，提供充足的收纳空间，同时作为原隔墙的隔声空间。最后，打造小户型的舒适度，主要采用与可变装置完美契合的可变家具，根据人体尺度特别定制设计。

小空间六大基本功能划分

基本功能	模式解析	情绪空间
起居模式	起居模式下，把床上升到顶部，获得通高的客厅，或将两个楼板都移动到半空中，获得上下居住的空间	在不同的空间中通过材料的变化获得不同的情绪
健身模式	客厅中，由超白玻璃和拉模吊顶形成一个白色的轻盈空间。然后，通过水平向拉开的墙体，配合隐藏在后面的粗糙的红色砖墙，形成一个健身空间	
睡觉模式	—	
娱乐模式	—	
书房模式	在书房模式中，打开所有柜子，露出隐藏的办公桌，采用大量原木	营造温暖的情绪空间
多人居住模式	—	—

张海翱分享快乐情绪空间解决方案

色彩定位——暖色类，可以给人安全感。不需多么刺激和炫目的空间，人们回到家中，把心放在一个温暖的、充满安全感的空间。暖色调对人有天生的吸引力。

音乐定位——民谣歌曲让人感觉轻松，不做作，如同一些建筑空间，没有花哨的装饰物，反而给人一种轻松自在的感受。

味道定位——嗅觉是建筑六感中的一个重要环节，很多时候需要亲身实地体验。

材质定位——木头是一种暖色材料，同时拥有独特而迷人的肌理。在结构上，木材属于单向受力的，因此具有不同于其他材料的力学特征。木结构特有的优美体量包括各种雕塑般的木构节点。

面料定位——棉质给人温暖的感觉，同时是一种非常亲肤的材质。除了人类，猫也非常喜欢棉质。这种温暖而柔软的触感是自然界共通的语言。

形状定位——圆形，人们最爱的形状之一。圆代表圆满，中国人喜欢说“天圆地方”。同时，圆是自然界普遍存在的形状，比如宇宙中的星球和鹅卵石。

第二节 禅静情绪空间及案例应用分析

星云大师在《舍得》一书中讲了很多人生哲理，经云“应无所住，而生其心”。因为无住，所以无所不住。太阳住在虚空之中，太阳的威力不是很大吗？我们的心不要有所住，尤其不要住在色、声、香、味、触、法，那就能心住虚空，量遍沙界。

禅静情绪空间是指经过精心设计和布局，人进入其中便立刻感到内心的平静，原本的情绪波澜被彻底融化，逐渐获得禅静情绪空间传递出的全新生命力。

营造禅静情绪空间，需要遵循如下法则：①少即是多；②静就是动；③中性至尚。

禅静情绪空间，让人不由自主地想起日本唯美派文学大师谷崎润一郎在《阴翳礼赞》中这样描绘道：“素雅的材质与干净的墙面隔出许多凹陷的空间，光透过去，便在凹陷的空间中形成许多朦胧的阴影。”谷崎润一郎认为，西方人从这些“朦胧的阴影”中感受到东方的神秘，这就是禅静情绪空间的真实表达。静是一种境界，禅静情绪空间由六种情绪空间构成，其中包含禅静情绪空间，因为没有一种情绪可以单独存在，所有情绪空间相互关联、相互转化，最终沉淀为长久的情绪模式。

在整个过程中，设计师参与其中，并且针对人生的不同阶段给予干涉和调整，最终将情绪引导至健康和积极的层面上。下面介绍一些具体的操作方法。

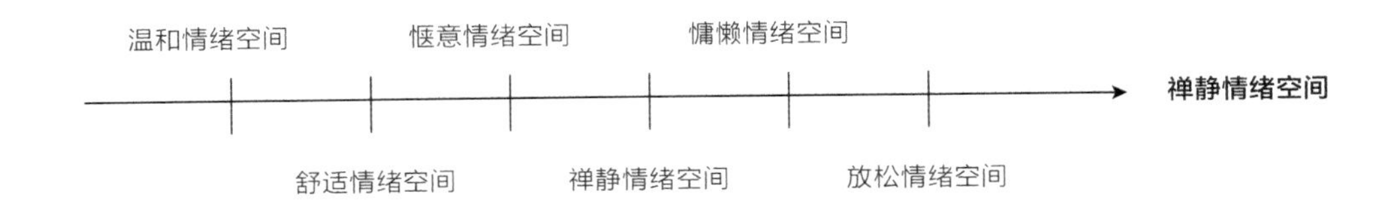

禅静情绪空间构成轴

1. 适合营造禅静情绪空间的视觉元素

●相较于荧光灯，白炽灯更适合营造禅静情绪空间。

●在5％的强调色视觉空间里，可以用卷轴、花瓶、矮桌、坐垫和灯罩等进行装饰。

●很多设计师用白色石灰墙面营造禅静情绪空间，而在石灰中加一些贝壳粉则更好，不会显得刺眼，更适合营造柔和的禅静情绪空间。

●杉木制作的天花板，尽量选择纯粹自然的原木色彩，造型极其朴素。

●为了避免禅静情绪空间的枯燥乏味，可加入一些具有怡情效果的小物件，各种装饰小品起到很好的情绪调剂作用。

●营造一些适合冥想的角落，更好地激发禅静的情绪。

2. 适合营造禅静情绪空间的听觉元素

●来自大自然的淙淙流水声、沙沙的树叶声，让人即刻感觉进入禅静状态。

●设计师非常明智地选择低分贝的声音，每分钟30～50拍让空间变得深邃而沉静。

●禅静空间的噪声水平应该低于55分贝。这里有一个特殊的例子，如果在闹市区营造一个禅静情绪空间，但因为环境限制很难达到安宁效果，此时可选择高低错落、形态各异的石材进行装饰。研究表明，空间中存在过多的非方形物品时，会使进入者感觉空间中噪声减少，从而获得禅静情绪效果。

3. 巧妙利用嗅觉，快速调节情绪

●利用水仙、甜橙等味道来营造禅静情绪空间，事半功倍。

●使用花香的味道，因为花儿的气味具有安定和禅静的效果，比如洋甘菊、天竺葵、茉莉、薰衣草等。洋甘菊学名是Anthemis nobilis，是一种常年生植物，原产于英国，遍布于欧洲、北美和少数亚洲地区，是英国最早使用的药草之一。它的名字源自希腊文的“地上的苹果”，拉丁种名有“高贵花朵”之意，古埃及人把它献给太阳，因为它能治热病，也有记载称它是献给月亮的植物，因为它清凉解渴，并且根据埃及药典的一些记录，用它来安抚精神病人。

●营造禅静情绪空间最好的办法是减弱视觉的介入程度，由80 %占比降为20 %甚至更低，这恰好迎合“闭目养神”的观点，而在禅静情绪空间中嗅觉是非常好的情绪因子，在空间中加入海洋的气味，可以使进入者的面部紧张肌肉减轻大约20%。

4. 局部禅静情绪空间的营造方式——浴室

浴室最适合营造禅静情绪空间。沐浴在32摄氏度的温水中，闭上眼睛，彻底摆脱视觉影响。与此同时，通过立体声耳机来倾听海浪拍打暗礁而溅起浪花的声音，空间使用者的脑海中逐渐浮现这个画面，空间中滞留的时间越长，画面越清晰，而这个画面是完全摆脱视觉影响之后的反应。甚至有设计师希望研发一种叫“浮游器”的装置，是一种特殊的器皿，由玻璃纤维制成，如同蚕茧一般，将泻盐溶解在水中，使用者可悬浮其中，如同身体失重一样。据说，这是最完美的禅静情绪空间，让人暂时失去时间意识，思考的方式也有所改变。

尽管每个人对禅静的理解不一样，但触动内心的设计元素是一样的。对亚洲人来说，一种平和的禅道式幸福——禅静情绪空间是最理想的心态，也是人生持久的追求。

空间色彩应用

案例一　禅境情绪空间的营造

设计师：宜家家居设计团队

禅静情绪空间可借力于陶土等小物件。现代家居空间中，三件一组可以将禅静美感囊括其中，非常适合在局部进行情绪空间的营造。相较于画面中的陶器，更讲究木拙的粗糙质感，越粗糙越能很好地营造禅静空间的情绪效果。

“空寂之美”最适合用来营造禅静情绪空间，以褐色为主的雅致色彩成为“空寂”的代表色，原木材质搭配白色窗纸。如果将整个禅静情绪空间看作100%，那么舍色所占面积相当于扁柏柱子、杉木天花板以及米色榻榻米的表面，而拉门和窗户上的白纸令那份“舍色之美”更加禅宁。

对于很多都市年轻人而言，不用专门设计茶室或独立的空间，小户型的角落可以充分利用。禅静空间中，可以用低矮的人体空间设计让人身心宁静，柔软的触感、棉麻的天然、绿植与阳光……空间中放入较多的自然元素，“禅静之美”应运而生。

案例二　成都太古里博舍精品酒店

设计师：美克设计师事务所（Make Architects）

安谧的庭院空间，静由心生，却离不开周围的环境。营造禅静情绪空间时，采用围合式庭院设计，将草、木、树、石四者融合在一起，隐藏照明设计，让人不知不觉地渐入佳境，禅静情绪空间的设计绝妙之处便在于此。

案例三　Botanica 植物园餐厅里的禅静魅力

设计师：高意静

据统计，Botanica植物园餐厅里有200多种植物，大部分是热带植物。热带雨林中的热带植物是全世界生物多样性最丰富、生命力最强、造氧量最高的植物——造氧是植物最重要的生物功能。如果无法把人带入大自然，那么将大自然“请”进来，它能让人获得禅静和安宁的感受。

空间中的植物并非简单的装饰品，而是具有巨大禅静情绪能力的有机体。一棵植物很难存活，但当家里有了10棵甚至20棵的植物，它们便相互依存，拥有更好的生命力。当你的家变成一片有机森林，你也会受益颇多——更好的生活方式，更好的空间，身体更健康，情绪也更健康！

内心拥有禅静和安宁，进而更加自信。植物代表希望，每每看到植物发芽、生叶、牵藤……那就是希望。设计师分享了自己成长中的小故事。每年夏天，

昙花将开时，父亲半夜把孩子们叫醒，换上整洁的衣服，规规矩矩地坐在花前，等待夜里12点那转瞬即逝的昙花开放。守候在花前，等待绽放的瞬间，这样的仪式感深深地烙在当时仅有3岁的设计师心里。花开了，非常香，非常特别，全家人为此兴奋不已，这是成长记忆中最愉快的事情。幸福需要仪式感，而植物是营造幸福感最重要的部分。

Botanica 植物名录概览

植物墙	金心吊兰、吊兰、猪笼草、铁兰、丝苇、爱之蔓、黑叶观音莲、龟背竹、花叶芋、爬山虎……
植物吊灯	龙吐珠、活血丹、猪笼草、波士顿肾蕨、蜥蜴蕨、卷柏……
空气凤梨墙	雷达、犀牛角、精灵、小树猴、电烫卷、奥斯卡那、柳叶、束花精灵、音速精灵、小蝴蝶、绿毛毛、美杜莎、蒙大拿、白毛毛、厚叶哈里斯、棉花糖……

PH

第三节 自信情绪空间及案例应用分析

自信让人散发出无比的激情和感染力，让周围的人更加亲近你、喜欢你。这是一种无形的力量，有时在自信的气场面前，外在的一切都会被忽略，这是一种强大的超乎想象和控制力的无形情绪。在神经语言程序学中，想象的特性是“次感元”，通过改变次感元，改变想象的影响力。这种感觉类似于自我催眠，我们通过激发自信情绪空间，并且长时间身处其中，从而获得自信情绪的能量转化和生命力。

自信情绪空间给予进入者自信情绪刺激的能量，并且让人不断疗愈负面情绪，最终达到情绪状态的平衡。营造自信情绪空间，需要遵循如下法则：①相符性；②理智性；③独特性；④励志性。

自信情绪空间由七种情绪空间构成。处在情绪低谷时，置身于自信情绪空间中，逐渐抵消消极和自卑的情绪状态，在自信情绪空间的元素构成中建立属于自己的模式。自信情绪空间并非单独存在，而是有自己的组合体和关联的情绪状态，自信是一点一点建立起来的。

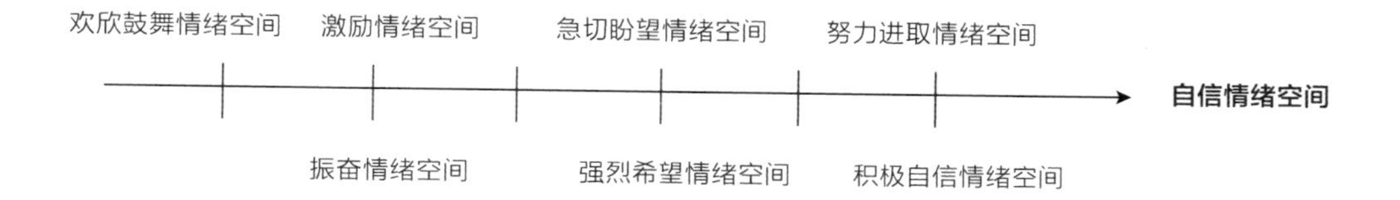

自信情绪空间构成轴

下面介绍一些具体的操作方法：

1. 利用五音疗疾，驱除负面情绪

●木音为古箫、竹笛等乐，入肝胆之经，在古萧的原始旋律起伏中似乎在召唤东方巨龙从大地缓缓腾空，应着角声，朝着太阳，奔向天空……这样的势头正如觉醒的自信，带来无限的生命力。

●想要营造自信情绪空间，可以从“角”音（不念jiǎo而念jué）开始播放，“角”为木，对应人体的“肝”，在空间中重复播放2小时以上，同一空间进行情绪转换时，可以将音律播放由晚间睡前调整为日间、晚间同时进行。

●尽管五音疗疾有非常悠久的历史和诸多的论证，但笔者认为自信情绪空间的听觉空间需要接近进入者的认知水平，对于一个习惯西洋乐器的进入者，五音疗疾的“角徵宫商羽”对应的乐曲需要有所变化（第四章做访谈的音乐疗愈专家正在研究适宜现代中国人的五音疗疾方法）。总之，进入者对自信情绪空间的乐曲一定要有所熟悉，相较于一首从未听过的曲子，熟悉且具有积极鼓励意义的旧曲更适合营造自信情绪空间。

2. 自卑情绪的能量疏导

●从心理学的角度来看，每个人或多或少地存在自卑心理，这主要源于婴儿脱离母体后有很长一段时间依附照顾而生存，自卑心理如果正常发展便能产生积极而富有力量的情绪。

●想要营造自信情绪空间，需要特别注意对沮丧、混乱、自卑感等负面情绪的调节和平衡。

●摆脱没有价值的自我意识，在空间中增加自我价值的元素，比如自己非常具有感染力的照片，不同年龄段获得的奖杯、奖状，自己熟悉的物件、书籍等，相比自己不熟悉的领域，生活在自己专属的空间中会显得更加游刃有余。

3. 如何用香增强自信

●可以提供一些有助于增加自信情绪的嗅觉元素，比如乳香、檀香、雪松、丁香、苦橙花等。

●乳香原产于两河流域以及北非的沙漠边缘，最早用在自信情绪空间中作为焚烧的香料。乳香让人思绪更加沉淀，在古埃及神殿中，焚烧乳香是敬神的行为，总能带给人自信情绪。

●信心有时来自于对信念的坚持，而这种坚持是思绪沉淀后清明的志向。想让进入者快速感受到自信情绪空间的作用力，可搭配天竺葵10滴+多香果8滴+月桂8滴+乳香4滴，这样的嗅觉空间配方有利于唤醒进入者的自信情绪。

●檀香木制品依其天然形状略加雕琢或精雕细刻，纹样繁多。剩下的边角料用作书房熏燃的香料。檀香属于木质类，具有启发、沉思、平衡和互通的作用，主要用来消除负面情绪空间中的焦虑、自卑、神经紧张，非常适合营造智慧、自尊感强、有洞察力的自信情绪空间。檀香10滴+雪松5滴+丝柏5滴+苦橙叶10滴，这些元素能够使人产生自信情绪，从而更好地工作、生活。

●利用积极视觉元素增强自信。例如：一百头鹿在一起，称为“百禄”；两只鹤向着太阳高飞的图案，表示“高升”。

多种生理情绪对应嗅觉方案

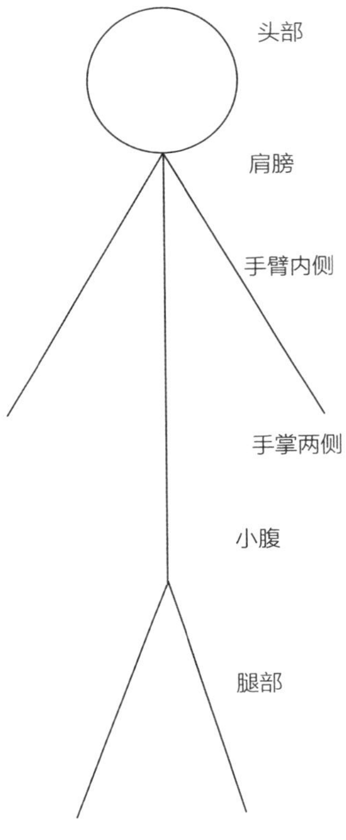

情绪部位	生理负面情绪	情绪空间嗅觉调节方案
头部 肩膀 手臂内侧 手掌两侧 小腹 腿部	紧张、压力	10滴柠檬尤加利＋15滴天竺葵＋5滴薰衣草
	放不开、纠结	5滴罗勒＋10滴岩兰草＋5滴佛手柑＋10滴快乐鼠尾草
	缺乏安全感	5滴薰衣草＋15滴依兰依兰＋5滴乳香
	缺乏信心	5滴丁香＋15滴檀香＋5滴罗马洋甘菊＋5滴摩洛哥洋甘菊
	焦虑、紧张	10滴苦橙花＋10滴大马士革玫瑰＋10滴佛手柑
	注意力分散、不知所措	10滴山鸡椒＋10滴豆蔻＋10滴柠檬

空间色彩应用

案例一　自信情绪空间的营造（一）

案例提供者：沃尔特·诺尔（Walter Knoll）

马鞍皮沙发硬朗的 V 形扶手能快速吸引人的注意力，并且保持注意力集中。马鞍皮设计工艺让空间充满正能量，自信情绪空间的营造并不单纯来自感觉与知觉本身，更理想的状态是为空间注入思维活力。这款马鞍皮沙发制作工艺浓缩了非常宝贵的设计灵感和设计师多年的思考经验，在自信情绪空间中，这些精神层面的内容是具有正能量的。

案例二　自信情绪空间的营造（二）

设计师：王亥

在自信情绪空间中，保留传统建筑的梁柱结构，彰显中国传统文化。充分考虑紫红色带给人的尊贵与自信，将过去、现在以及未来的多时空充分融合，最大限度地引入自然光源，为空间进入者带来更多的健康、积极的自信情绪。

案例三　园艺设计中的自信疗愈设计

案例提供者：梁健恒

梁健恒所服务的香港园艺治疗协会，主要工作是为不同的人设计适合的园艺疗愈方案。在美国波特兰市Legacy康复中心，有一个儿童疗愈花园，里面加入了疗愈景观元素。封闭的道路设计，内部涵盖很多儿童元素，诸如卡通、色彩、小雕塑、小喷泉，激发孩子的兴趣，使其获得认同感和自信心。同样的情绪空间设计运用于老年痴呆患者的疗愈，老年痴呆患者通常有一些记忆问题，到处走动，容易迷路、走丢，经过精心设计，在具有疗愈作用的情绪空间中，道路设计成封闭式，老年人不会走丢，而且在拐弯处设置醒目的色彩、香草等，行走其间非常自信，不会有恐慌感。为了安全，在拐弯处使用比较明快的色彩，比如红色、黄色、橙色。此外加入香草、薄荷、罗勒、迷迭香、香茅等，每种香草的味道不一样，有些更香，有些更淡，以提高使用者的兴奋度，舒缓使用者的压力。在确保安全的前提下，增强其自信心。除此之外，在职场中很多人有社交压力。于是，专门设计一些有助于开展人际交往的园艺课程。这些课程同样适用于家庭活动或企业内部活动，接纳自我，感受自我的成就感，建立自信，其实是一个和植物、作品共同成长的过程。这些方法非常适用于设计领域，体现人性关怀。

增强人际交往自信的园艺疗法（适用于设计师与业主的互动）

（1）每个小组有4~5人，一个大组里有2~3个小组，每组合作，去完成任务。

（2）挑选一条喜欢的白色棉布，然后将准备的花材、叶材印在上面，可以集体设计图案，发生冲突时进行协调沟通。

（3）园艺治疗师或活动策划者不要干涉，只告诉大家采用何种方法，结束时彼此分享这个过程中的感受、遇到了什么困难、如何解决沟通。

（4）通过彼此分享，反观日常生活、工作的人际沟通能力。大家不断磨合，特别是在最后展示时，A组里有a、b、c三个人，将各自的作品展示出来，获得归属感，同时建立社交信心。

（5）大家彼此感受，接触植物的过程本身是一个减压的过程。大自然的东西很神奇，一接触泥土便觉得身心愉悦。

第四节 着迷情绪空间及案例应用分析

人们通常把着迷的状态称为“控”，“控”源于英文单词complex（情结）的前头音（con），日本人借用过来（**コン**），按照日语语法形成“某某控”的语言景观重构。哲学家鲍德里亚曾说：“不仅是物对人的包围，更是物的意念对人的包围。”人们投射到物上的意识远远超过物提供给人的使用价值，这是“控”的真正形态。

着迷情绪空间就是一种融合高度同感刺激力量的空间，人进入空间后迷失了自我的存在感，深深地为空间的情绪状态所吸引，这种能量具有极强的转化力，懂得控制的人能够很好地发现内在自我的复活与再生。营造着迷情绪空间，需要遵循如下法则：①怪异趣味原则；②执着且可持续；③互动游戏效果。

着迷情绪空间由三种情绪空间构成，通过情绪空间轴中关联情绪的分布，可以看出每种情绪和其他情绪的紧密程度，相较于快乐情绪空间中比较密集的情绪反应，着迷情绪空间中的各种细分情绪状态更加独立，同时拥有更大的自我空间，因为着迷的状态需要足够的自我空间才能有所收获。

相较于柔软的米色，我们似乎更容易被强烈的金色吸引、控制，一部分源于生理需求，而另一部分则源于认知水平。着迷情绪实际上是一种“进入”的状态，注意力高度集中，自然地为一些东西所吸引。

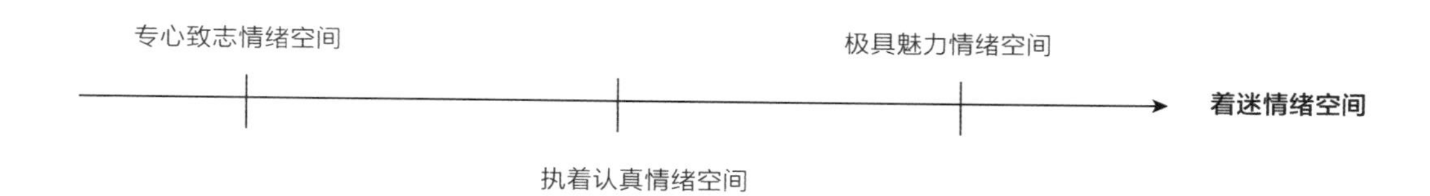

着迷情绪空间构成轴

1. 角色扮演，情绪带入

首先试想一下什么能产生着迷情绪？一位饥饿的美食家走进一个布满各式餐品的空间，一位年迈的书虫闯进一家古老的书店，一位机械师走进飞机制造工厂……营造着迷情绪空间最好的办法是深度了解进入者的需求和喜好，从而确定设计方向和空间内容。

2. 空间量级分析

在这个空间中，每种设计元素的基本要求是两个量，一是体量，二是数量，两者不便同时存在，哪怕只满足其中一个，只要符合进入者的心理定位便能够很好地诱发进入者的情绪反应。着迷情绪空间的营造从最深层的需求欲望进行设计，在线条和造型上侧重两极——极多、极少。极多让人着迷，极少同样如此。在日本电影《我的家空无一物》中，收纳整理对于人们的情绪影响非常大，空间内的杂物数量与情绪愉悦指数有着直接密切的关系。空间内的物质数量减到最低时，进入者聚焦于空间，而这样的情绪心理最直接的反应是获得内心的满足感，这时你会重新认识原来那些被家具、装饰品和杂物填满的空间。这并非设计师专门营造的空间，而是居住者和使用者设计的空间，在化繁为简的过程中，居住者和使用者经历了非常透彻的着迷情绪，着迷于清理居住空间内的物品，这样的着迷情绪空间充满互动和参与感，与商业空间和博物馆给人的感觉不一样。具有互动感的着迷情绪空间是设计的最高境界，因为情绪诱发而带来的空间黏性非常值得思考和利用。

3. 把握空间进入者的情绪节奏

以中国紫檀博物馆的设计为例，整个博物馆面积9569平方米，正门使用400多立方米的木材，全部是纯木结构，支撑大门的四根柱子高8米、粗0.6米。紫檀木独特的气质让进入者充满期待，这便为进入着迷情绪空间埋下伏笔。

进门之后，首先看到“仿故宫乾清宫宝座间”，原本黑红色的紫檀空间被金碧辉煌所点亮，明显带有赞叹情绪空间的调子。

4. 着迷情绪空间的视觉元素

金色最容易让人产生着迷情绪，具有极强的视觉吸引力，并且彰显某种社会身份，比如权力、财富。金色本身满足马斯洛人本主义心理学五大需求层的最高层级自我实现需求，所以人类对金色从来都是顶礼膜拜。在紫檀博物馆的空间中，将金色与紫檀木色相结合，回归紫檀木的雕龙画凤。其中“紫檀雕龙纹大顶竖柜”系依照故宫所存原件制作而成，通体以紫檀木制成，用料考究，尺量巨大，属清代紫檀家具之重器，堪称传世紫檀家具之最。上下各开两门，四门镶板心，均浮雕云龙纹图案，雕饰龙纹均为五爪，气势非凡。柜子包錾龙鎏金足，其他金属饰件均是錾龙鎏金。从造型用料和雕饰纹样上充分展示清中期的风格。单单空间中展出的一款家具就足以让人流连忘返，一般人可能是着迷，紫檀控或许是痴迷。

5. 着迷情绪空间的立体配方

红色、黄色、水蓝色等高饱和度纯色墙面主色调 + 白色踢脚线 + 相同色彩略深的造型独特沙发 + 对比色系造型独特高背椅子 + 光面多种可收纳折叠伸展家具 + 曲线迂回空间设计 + 枝形水晶吊灯 + 落地触摸式台灯 + 同一色系高饱和度的自流平水泥地面 + 互锁结构装置艺术 + 滴水观音等大叶绿植 + 豆蔻 / 欧薄荷 / 茴香 / 芫荽等气氛 + 松露巧克力 + 列侬等节奏音乐 + 超柔软沙发坐垫和抱枕……对于喜欢高科技、新鲜事物、前卫流行趋势和创新力量的人来说，不同类型的金属可以营造出着迷情绪空间，表面明亮，犹如镜面，具有很强的反射性、延展性，运用冲压、切割、镶嵌、焊接等工艺进行造型。

6. 营造着迷情绪的技巧——破

不同的人对材质有不同的感受。家教严格的人会成长为拥有内敛沉稳性格的人，但其在青春叛逆期时往往表现出对金属的好奇和热爱。着迷情绪空间的原生情绪来自好奇，让进入者或设计师充分体会到这些材料之间的矛盾。比如金与铜因具有暖色而看上去很温暖，而铝和钛的白色比较雅致、含蓄，青铜显得凝重庄严……在着迷情绪空间中打破彼此之间的和谐，在变化与统一中找到最合适的表达方式——破。澳大利亚日裔艺术家船木麻里说："我使用黑色的软钢或金，软钢给人冷峻和锋利的感觉，金则比较华丽而柔和，我的兴趣在于这些材料之间的矛盾。"

空间色彩应用

案例一　着迷情绪空间的营造（一）

德国科隆家具展作品

荧光色是非常吸引眼球的颜色，所以孩子们非常喜欢盯着荧幕看，尽管对眼睛不好，却能让人忘记一切，完全被吸引。荧光色是营造着迷情绪空间的元素之一。

案例二 着迷情绪空间的营造（二）

设计师：玛丽·卡农（Marry Gannon）

进入者第一次进入这个空间时便为此深深着迷。这个空间的三个元素——壁画、座椅、毛毯，利用视觉线条的叠加与局部单品色彩的强对比，营造出着迷情绪空间。

案例三 Ultraviolet 那令人着迷的视觉味道

设计师：保罗·派雷特 Paul Pairet（法国）

通过量身定制的情境，让人拥有更强烈、更富趣味、更有挑战性、更具互动性的用餐体验，在这里，你的味觉感知得到呵护、加强、沉溺，抑或简单的支持，发挥难以捉摸的“心理味觉”的作用，体会与味觉有关的一切——除了味道本身以及对味觉的影响，提供大胆且私密的用餐体验，运用全部感官认知创造终极奢华：情感。

设计师Pairet在外滩18号这栋历史性建筑里建设了VOL Group。在Mr & Mrs Bund这家法式“现代餐厅”内部，Pairet践行大众美食理念——分享简洁、精致的料理。Pairet的设计风格为前卫象征主义，但最重要的是食

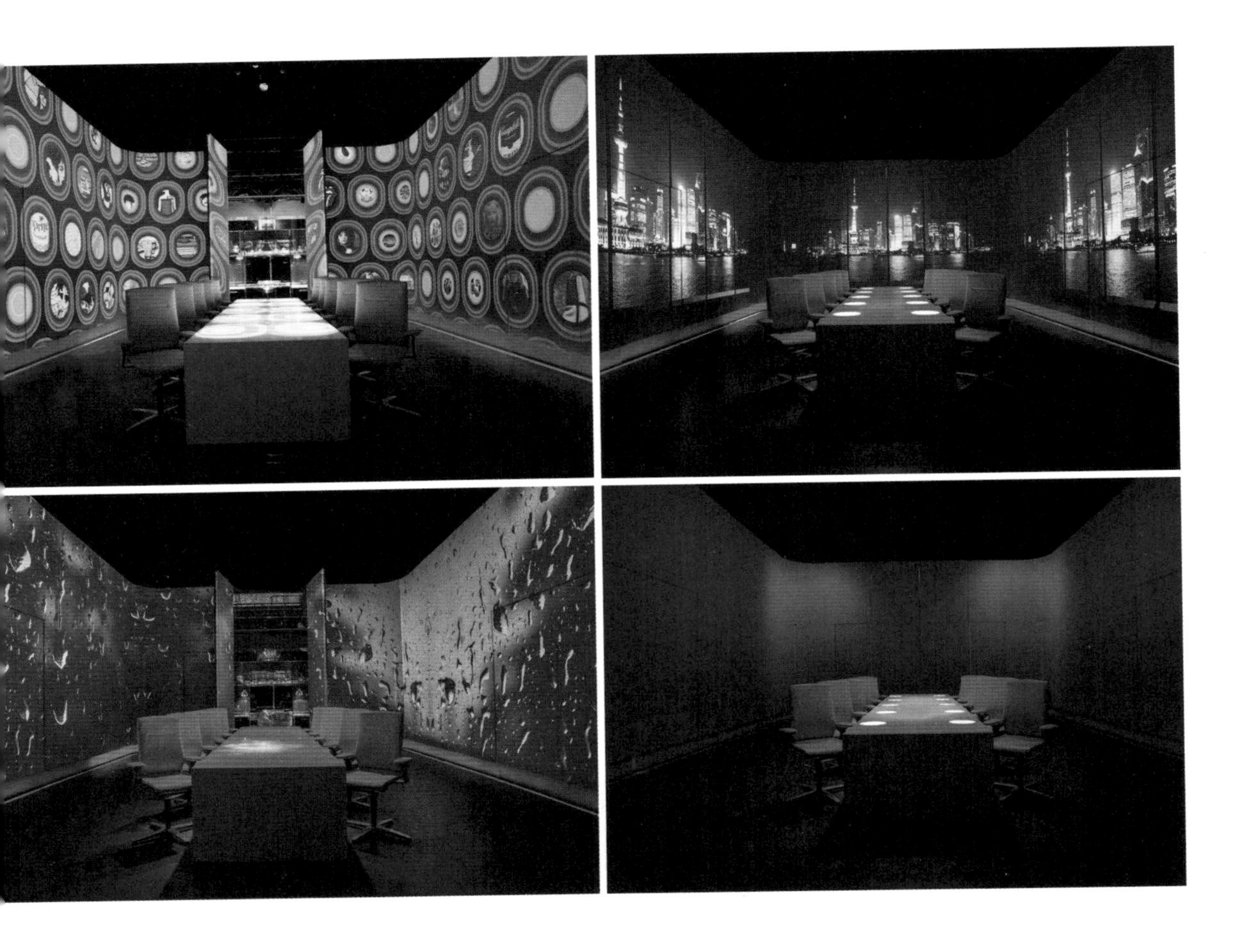

物只需尝上一口便令你的味蕾欣喜若狂，让你的大脑踏上一场环球之旅。他大玩视觉戏法，将幽默感注入食物，挑战你的固有观念和期望，让你忍不住停下来想一想：怎么回事？为什么？这位曾经的理科学生心怀一个简单的理念："如果一道菜无须增减任何东西，那么它就做好了。"什么是"心理味觉"？心理味觉是除味觉本身之外与味觉有关的一切事物。看到番茄，你的大脑动用记忆，告诉你味道如何。闻到烤面包的香气，你仿佛尝到烤好之后的味道。Ultraviolet运用各种技术来激发并控制人的心理味觉，强化人对食物的感知。很显然，大家都在尝试情绪空间对自己的作用力……

第五节 赞叹情绪空间及案例应用分析

赞叹情绪空间，实际上是创造力与生命力的最大交融，让进入其中的人产生绝对的情绪共鸣，无比激动，最终挑战内心的平衡。营造赞叹情绪空间需要遵循的法则如下：①数或量的极致表现；②具有情绪唤醒意识；③让人在最短的时间内进入状态；④具有无可挑剔性；⑤稀有而罕见；⑥便于情绪引导与转移；⑦具有极强的情绪增值空间 。

赞叹情绪空间由三种情绪空间构成，所有元素逐渐趋近最终的情绪空间，呈平面展开，彼此之间相互作用。

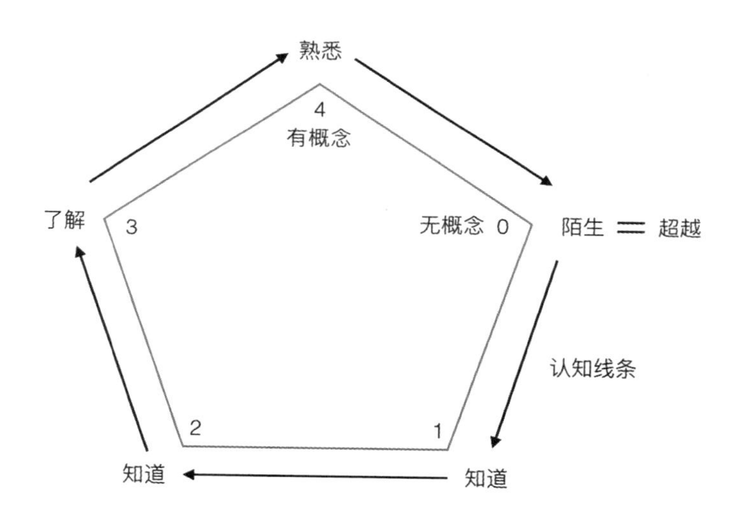

赞叹情绪空间认知结构

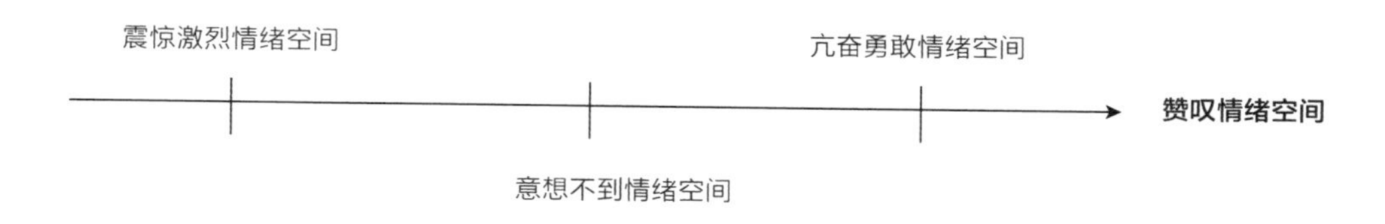

赞叹情绪空间构成轴

下面看一下具体的操作方法。

1. 搜集让80%的人赞叹的空间案例，让自己沉浸其中

历史上有很多成功的赞叹情绪空间建筑，例如埃及的金字塔、中国的万里长城、印度的泰姬陵、雅典的卫城、德国的科隆大教堂……建筑以一种不可企及的高度展示人类的智慧，并且以无法超越的高度制造让人产生赞叹情绪的空间。

2. 真假赞叹空间，深度理解量的集合

前文说到，赞叹情绪空间和着迷情绪空间都需要一定量的集合，从而让人产生可望而不可及的效果，这样的设计已被很多设计师用在墙面装饰，在平面或空间内大面积使用同一种材质，比如瓦片、碗、盘子等，或利用同一种材质改变细节，比如色彩、形式、纹样等，但这并非真正的赞叹情绪空间。泰国的大皇宫金碧辉煌，其中汇聚泰国建筑、绘画、雕刻和装潢艺术的精粹，具有鲜明的暹罗建筑艺术特点，是泰国当之无愧的赞叹情绪空间，被称为“泰国艺术大全”。被雨果誉为“石头的交响乐”的巴黎圣母院，全部采用石材，以哥特式的建筑风格，祭坛、回廊、门窗等处的雕刻和绘画艺术，以及堂内所藏的13至17世纪的大量艺术珍品而闻名于世。

3. 极致的线条设计

巴黎圣母院内部极为朴素，几乎没有装饰，但在线条上精心设计，进入者被无数的垂直线条吸引。垂直线条在所有线条中最具速度感，以最多的数量、最快的速度吸引人们仰望，数十米高的拱顶在幽暗的光线下隐隐闪烁，引发无尽的联想。

4. 运用超越时代的理念与技法

西班牙建筑师安东尼·高迪对情绪空间的设计起到巨大的推动作用。高迪一生的作品中，有17项被西班牙列为国家级文物，7项被联合国教科文组织列为世界文化遗产。比如米拉之家（CASA MILà）是非常典型的赞叹情绪空间，也是高迪设计的最后一个私人住宅：波浪形的外观、白色石材的外墙、扭曲回绕的铁条和铁板阳台栏杆、宽大的窗户……这些让当代人感到不可思议。由此可见，赞叹情绪空间的另一层含义在于运用超越时代的理念和技法，这是一种非常不可思议的设计能力，足以引发进入者的钦佩之情。

5. 赞叹情绪空间的立体配方

浅色基础色调的墙面 + 按一定规律和数量排列的墙面装置 + 年代久远的家具 + 具有收藏价值的名家画作 + 各种古董瓷器 + 穿越时空的门扉或栅栏 + 一整面植物墙 + 每5个一组的同一花艺陈设 + 深木色地板 + 异域花纹真丝地毯 + 金色的水晶吊灯和台灯 + 桃花芯木边桌 + 柚木藤编咖啡桌 + 家族历史照片/家族辉煌照片 + 蜡菊/葡萄柚/广藿香气氛 + 匈牙利圆舞曲。带有强烈再生情绪影响力的欧薄荷可以消除进入者的疲惫和压抑心理，同时抵消各种消极、冷漠的情绪，产生富有洞察力和鼓舞人心的积极情绪，非常适用于营造赞叹情绪空间。与柠檬、葡萄柚、蜡菊搭配，效果更佳。

6. 最简单的家居赞叹情绪空间营造方法

赞叹情绪空间深入浅出，从历史文化中所传承下来的美学鉴赏尚品，到日常生活空间依靠空间元素进行调配，精心设计。所有赞叹情绪基于集体无意识的影响力，比如没有人会在一个100平方米的户型中专门营造一个赞叹情绪空间，很显然，它并非适合日常居住。然而，我们可以在日常生活的小区域中营造一个赞叹情绪空间。比如很多喜欢收藏字画的人士在书房或客厅的一角专门设计一个书画区域，笔墨纸砚等一应俱全，再加上墙上的字画装饰，朋友前来做客都会发出一番赞叹。因此，赞叹情绪空间既离我们很远，也离我们很近。营造赞叹情绪空间时，充分发掘物品的功能，更好地为进入者和使用者营造归属感和荣誉感，这是空间设计者的最高境界。

空间色彩应用

案例一 赞叹情绪空间解析

设计师：萨巴斯蒂安·海克纳（Sabastian Herkner）

2016年达斯豪斯（Das Haus）设计师萨巴斯蒂安·海克纳的情绪空间作品，采用透明而开阔的方式将不同的材料特征进行深度挖掘和整合、创新，通过材料的魔法运用，特别是将多种材料以通感方式加以展现，营造令人震惊的赞叹情绪空间。

那记忆深处的气味令设计师难以忘怀。上大学时，宿舍对面是一个香皂工厂，芬芳萦绕，他将这种享受融入设计中。瓷砖不再是瓷砖，香皂不再是香皂，混合的创新带给大脑不一样的影响力。一整面的香皂墙面让进入者震惊、赞叹不已，并将赞叹情绪空间的影响力推向极致。

案例二　营造“天人合一”的至高情绪空间

设计师：张海翱

“日出东方”酒店位于雁栖山脉和雁栖湖水之间，是2014亚太经合组织(APEC)会议官方举办地，完全由中国本土设计公司完成，因设计巧妙运用环保技术而被喻为“会呼吸”的科技酒店。

“天人合一”的至高情绪空间必须具有生态感。生态空间包含多重含义。

首先是哲学层面，灵感来自大自然的日出和月落，遵循传统道家思想，运用“天人合一”的设计理念，使建筑能与天地对话，与山水共生，与自然和谐。

其次是文化层面。整个建筑以“圆形”为出发点，象征“日出东方”。同时，“圆形”代表全球的和谐发展，切合APEC峰会主题。建筑侧面的“贝壳”形态代表财富，裙房流云造型如彩云追日。主楼下方的五层挑高中庭采用“鱼嘴”造型，寓意“财富富足”。建筑整体倒影与水面形成数字“8”，寓意“吉祥”。

最后是技术层面。该项目运用大量生态技术手段。

第一，三联供技术。该建筑是目前第一个也是唯一一个采用三联供技术的建筑。无需外部电源，即可实现能源自给自足，通过三联供技术实现燃气发电，同时利用发电的热能，进行空调的能源供给。

第二，太阳能利用。大量采用太阳能发电，运用太阳能热水技术，可降低整体的建筑能耗。

第三，可呼吸式幕墙技术。通过风压效应，保证每个房间的自然通风。

第四，四层low-E中空玻璃。国内首次采用，有效降低能源消耗。

第五，水资源的回收和利用。中水回收，雨水收集。

第四章 对话

第一节 情绪、心理与空间多维度的关系

——专访知名室内设计师邵沛

您如何看待情绪空间？

邵沛：我觉得这属于概率学的范畴，比如大部分人觉得冷色系如蓝色系意味着放松或忧郁，暖色系如黄色系意味着温暖。有研究表明，在运动场上穿红色队服获得胜利的概率要高出5%，因此红色能够增加神经兴奋程度并促进血液循环。做设计时，最好做个案调查，因为每个人的人生经历、文化水平、宗教信仰都不一样。

您做个案调查时有自己的模式吗？

邵沛：有的。我经常为明星做设计，而明星一般都很忙，所以要做一个调查问卷，用微信发给他，他只选择就行。比如我会问到，下面哪些场景是您想象中的生活？

这将决定我的设计基调和方向。如果客户选择“夕阳下抽着雪茄，带着孩子玩耍”，那么我的脑子里便形成空间分配的侧重点。有的人可能选择拼搏进取，把家变成会所，而有的人可能向往田园隐居生活……但在沟通时不能太直接，采用迂回或暗示的方式，客户凭直觉给出答案。我的整个问卷包括感性部分和理性部分，非常详细。基本就是量身定制，一般做2～3个问卷，逐步深化。

夏然： **如果客户选择“夕阳下抽着雪茄，坐在院子里，看着孩子玩耍”，您接下来如何设计？**

邵沛：那个案例在执行过程中，把房屋里的挑空区域（类似于回廊）打造成一个城堡，这个城堡是狭长的。客户有两个孩子，孩子爬上城堡，可以继续往城堡顶部爬，可以乘坐城堡的滑梯滑到自己的房间，如果爬得更高则爬到父母的房间。可能有的家长比较威严，不会和孩子在一起这样玩。因此，不同的选项对应不同的生活方式，而这些设计旨在营造不同的情绪空间，有快乐的、幸福的、禅静的，等等。这与家庭的相处模式密切相关，最终是理想中的场景。

夏然： **看到您有这样一个问题设计得非常有意思：“如果你头痛欲裂，桌上有一模一样的七粒药丸，其中有一粒能让你马上痊愈，有一粒让你病痛增加一倍，其他五粒没有任何效果，你会如何选择？”这是什么意思呢？**

邵沛：这其实是在测试抗风险的能力，有些设计和装修有一定的风险，有一门学科叫“九型人格”，每种人格有不同的价值观、行为模式和思维定式。比如七号人格是追求快乐，有的人是安全感第一，有的人是尊严最重要，所以要找到他的侧重点，没有对错，只是侧重点有所不同。

您如何划分情绪空间中的不同元素？

邵沛：通常，分为风格的倾向、功能的布局、财务的分配这三大块。举例来说，风格有很多种，比如欧式有简约欧式、新古典、古典、宫廷派、法式等。大家沟通起来可能不在同一个认知水平上，所以比较理想的状态是描绘氛围，并确定心理期望值。因此，空间和情绪、心理等元素是密不可分的。

您如何设计一个具有安全感的情绪空间？

邵沛：人在生活中难免遇到一些挫折或伤害，所以希望自己的居所安全稳固。因此，设计时便要在这方面有所侧重，采用温和、柔软的材料与质地，以及暖色系或没有“危险冲突”的色彩，营造安逸休憩的灯光。造型上，尽量做到对称稳固，减少棱角。比如在设计儿童房时，基本上都是圆角，墙面全是软包，灯光无眩光，材质特别柔软，让孩子随意蹦跳。

什么叫“没有危险冲突”的颜色？

邵沛：对比色有“危险冲突”的感觉，比如有些风格是跳色的，房间的风格非常稳固，突然一个房间跳亮色，便会有问题。如果想要营造一个温暖的空间，那么可以使用驼色系，如米色、暖色、白色等，偶尔偏重的地方就用咖啡色。

刚才您说到安逸休憩的灯光，具体来说呢？

邵沛：反差不能太大，偏暖光，灯罩的材质非常讲究。如今，智能照明很普遍，这也是一种情绪空间的表达方式，让情绪空间的切换模式变得更加简单。比如，同一个房间设定成4个场景，专业灯光设计师来进行灯光设计，直接切换，既舒适又方便。

您能举一些空间设计元素影响情绪的例子吗?

邵沛：我为佟丽娅的家做过灯光设计，早上7:30，房屋的百叶窗根据经纬度打开一定的角度，光线慢慢溢进来，让人自然苏醒，隐藏在造型里面的光会以洗墙灯打光的形式照射出来，音乐声由弱到强舒缓播放，这样醒来，人会感觉非常自然和舒服。刷牙的时候，进入洗漱空间，镜子上会出现一块模拟太阳光的照明，唤醒皮肤，刷牙过程中镜子上显示当日的穿衣指数、当日的新闻等，不自觉地延长刷牙时间……这些都是空间元素对于情绪的影响。洗澡的时候，浴池里面有维C,让皮肤变得更好，头发变得更柔软，也更容易精神焕发。在衣帽间，设计有模拟场景的灯光。不同的灯光下，衣服的色彩显示是不同的，这对演员来说更加重要。

我们正在做情绪空间方面的研究，您觉得空间对人的情绪影响能实现吗?

邵沛：有一些从事医疗美容的客户问我，能否在前台的某个区域设计一些东西，让人产生消费和购买的积极情绪？可以从各方面加以暗示，为获得顾客的信任，空间氛围应当安全可靠且极具亲和力，例如服务员的服饰、形象、空间造型、稳定性、色彩、气味，等等。现在，五星级酒店有自己的“气味”，因为气味可以影响人的情绪。因此，情绪空间在未来是一大发展趋势，对此我有信心!

邵沛设计案例

这是为著名演员佟丽娅的儿子朵朵设计的婴儿房，让宝宝从出生的第一天起便感受到满满的温情和期许。婴儿房的主题是“海阔天空”，画师花了半个月时间，用最环保的材料在房间的四面墙上绘制出一幅世界地图，上面布满蓝天、白云，而朵朵的床是一个大飞机。

心理分析：快乐情绪空间，表达初为人母的快乐，期待孩子将来一飞冲天。同时孩子要牵着爸爸妈妈的手，环游世界，看日出，看大海，游遍大江南北……无限遐想的快乐情绪。

这是为著名体操运动员杨威的儿子杨阳洋设计的餐厅，杨阳洋不喜欢吃饭，老人为此操碎了心。设计师为杨阳洋打造了一个“宇宙最强能量站”，将他最喜欢的美国队长3D画像用丙烯画的方式“请”进餐厅，采用了很多动漫英雄的画像，还结合了杨阳洋的画像。

心理分析：自信情绪空间，采用催眠学设置心锚的手法，让孩子进入餐厅后得到心理暗示：“只要好好吃饭，将来就会变成超级英雄”，这里运用了28天心理暗示的设计。麦克斯威尔·马尔茨（Maxwell Maltz）教授在1960年出版的心理学书籍《精神控制论》中提出，一种习惯的养成需要28天。设计师正是运用心理学知识解决了杨阳洋不爱吃饭的问题。

童星出身的关凌已是两个孩子的母亲。原本的儿童房存在一定的安全风险：家具有棱角，容易磕伤孩子；沙发的角都是金属的，容易给孩子带来伤害。设计师将大自然中的花、鸟、雨、雪等元素统统搬进儿童房，主题为“丛林大冒险”，屋子立刻有了一种丛林的即视感。硬硬的地板铺上绿色柔软的地毯，钟表上粘着小汽车，有棱角的桌子变身大风车。在沙发处设置了一棵大树,这棵大树有个树洞,两个孩子可以钻进钻出。

心理分析：细节设计来自于设计师对于情绪空间私密性的认识。孩子和大人一样，需要一个相对私密的空间，这个树洞就是一个相对独立的空间！在休息区，大熊的书架、吊椅，这些设计不仅激发进入者的新鲜感，更带给孩子强大的安全感。

香港著名演员胡杏儿的家里养了8只猫，她还必须开着灯睡觉。因此，卧室采用围合式设计，床的造型和质地像棒球手套一样温暖而亲切，智能家居以萧伯纳RRR 37共振音乐作为睡眠背景乐，同时用投影灯把海洋的波浪投射在天花板上，通过声光电和造型的巧妙搭配，帮助胡杏儿安稳舒适地进入深度睡眠。

心理分析：萧伯纳RRR 37共振音乐，微宇宙共振音乐是一种立体结构时空动效音乐，采用自然谐和律的声波和人体细胞共振，激发有益的α脑波，激发人体的治愈功能。

第二节 情绪空间中的变化与统一

——专访清华大学美术学院环境艺术设计系李凤崧教授

您如何理解情绪空间？

李凤崧：这是一个很好的话题，很少有人专门从这个视角研究室内设计。室内设计中，很少涉及情绪这个词，过去讲的是美观、实用。

在您看来，艺术的规律与情绪空间有怎样的关系？

李凤崧：我曾经听过雷圭元老院长的课，其中讲到艺术规律不光是室内设计，任何艺术都具备这个规律：变化与统一。室内设计要看空间环境用来表达什么。"变化与统一，是在变化中求统一，在统一中求变化。"我从上学到工作，再到后来给别人评标、评价设计作品，这如同拿一把尺去衡量。情绪空间也如此，每个人的情绪在不断变化，但是空间中的元素是统一的。我，当下是一种情绪，进入一个空间环境，其中的元素与我的情绪相互作用，由此可见，艺术规律与情绪空间密切相关。

您觉得从设计的角度如何去捕捉人们的情绪状态呢？

李凤崧：建筑设计，设计的是什么？设计的是空间，围合起来而使用的空间。建筑的本质是大大小小的空间组合在一起。比如门厅大小、通道、主会场……设计师对空间加以组合。比如苏州拙政园，采用欲扬先抑的设计手法，在进入开阔的空间前，使用狭小的空间过渡，然后再变大，你的情绪产生变化，可能开始不舒服，后来突然就好了。不同空间的大小和形状影响人的情绪，使情绪产生波动。柳暗花明，调动人的情绪。先让你进入小空间，有些紧张，走了一段，比小空间大一点、高一点，会感觉豁然开朗。空间本身不大，但营造不同程度的心理状态，这就是苏州园林造园的手法。每个人对空间的感觉都比较敏感。我上学时，北方的农村用的是土炕。一间屋子半间炕，到农村劳动，一间炕睡五六个人，大家互相谦让，你第一个选哪个位置？（靠墙，然后选中间的。）为什么？（安全。）这就是人与空间的关联，那里有墙，有依靠的感觉。睡在中间的人睡不踏实。再比如，田地旷野里，有一个小墙头，谁都愿意靠着墙头休息，很安全、很安静。

具体来说，如何设计具有安全感的情绪空间？

李凤崧：比如卧室不能太大，十四五平方米比较合适。日本人睡在箱子里，非常踏实。假设大礼堂很空旷，所有的门都锁上，不会有人影响你，在大礼堂中间放一张床，根本睡不着，不踏实。空间的大小尺度影响人的情绪，尺度对人也有影响。国家大剧院、音乐厅为圆顶，从形状来讲就给人一种放松的感觉，营造活跃且很有生气的空间氛围。因此，影响情绪空间的元素非常多，很值得研究，也很有潜力。我认为，中国的设计缺乏专注于理论研究的人。

第三节 情绪空间与音乐疗愈

——专访德国卫生部认证音乐治疗师、博士研究员田颖

您如何看待音乐对情绪空间的影响？

田颖：人在音乐声中慢慢地平静下来，这是公认的对人体情绪有干预效果的辅助治疗手段。只是在国内没有广泛应用。我有一个朋友从事环境音响设计，多运用于公司大环境里面的环境音乐，公司大门口用什么音乐，洗手间用什么音乐，办公区需不需要音乐，如果需要，用哪种？我们能观察到商店内部空间有自己的音乐，有的轻柔，有的欢快，包括麦当劳等大型连锁商店。音乐在我们生活的空间里面原本就是无处不在，只是有时候我们没有觉察。

夏然：

在空间设计中，您觉得有必要多加一些乐器元素的互动吗？利用不同的乐器，让参与者“玩”起来，让空间更加有趣，并且还能起到疗愈的作用。您如何设计具有疗愈作用的音乐情绪空间呢？

田颖：的确如此。我们是做研究，它不是绝对真理，要通过客观实践找到普遍规律，我做过一个案例，一位厌食症患者，身高1.74米，体重不到50千克。因为厌食症辍学，心肺肾出了问题。其实很多时候厌食和暴饮暴食更多是一种精神上的压力。所以从治疗的角度，我给了她一些乐器，然后让她摆成人体的形状。于是她就用鼓做人的脑袋，用吉他做人的身体……全部摆完以后，我们就一起开始演奏。每次演奏的时候，我都会和她沟通，比如当我们用鼓演奏的时候，就会把鼓想象成人的脑袋，通过反复的练习和联想让她感受自己身体的变化。其实乐器本身和乐器发出的声音都没有意义，但这几者之间所产生的联想与来访者的身体相结合就产生了意义，这就是潜意识的影响。

第四节 情绪空间与能量元素

——专访空间能量心理专家、芳香疗法专家金韵蓉

您如何看待情绪空间?

金韵蓉：通常我不会用“情绪空间”这个词来描述我做的事情，实际上我做的事情包含两个层面，当然我是指空间。虽然我不会用“情绪空间”这个词，但是，我们做的事情和意义是相同的，我用另外两个词来表达我对空间的理解——空间表情和空间能量（这个空间的表情是愉悦的、紧张的、恐惧的、焦虑的、舒服的），就像我们和别人见面时，别人通过表情来观察你的情绪状态，这个层面是比较肤浅的，不涉及灵魂部分。空间能量中有积极的能量和消极的能量，这两个方面其实都是在“形容、描绘一个空间”。

您用哪些元素来调节空间的情绪能量?

金韵蓉：香气、色彩、水晶。在家里摆放一个紫色水晶或粉红色水晶，它便会吸引宇宙中的能量。地球上由北到南是正极的能量，由东到西是负极的能量，每个生物体不断地接受正负能量，在能量的节点上摆放一个水晶，就能改变这个空间的能量表情。将水晶、香气、色彩结合在一起，你会发现，情绪空间也发生变化。水晶是布置家居空间时非常好用的元素。

孩子对于情绪空间会不会更加敏感?

金韵蓉：是的，有时你会发现，孩子在某个地方容易哭闹，或注意力非常不集中。这也许是因为光源对孩子产生了刺激，也许是空气里有天然的化学成分，也许是温度让孩子觉得不舒服。

夏然：

我女儿4岁，去年每次睡醒就闹，我觉得是情绪管理出了问题。我给她一个本子，如果情绪管理得好，画一个桃心，积满5个桃心，奖励5角钱，可以买喜欢的小贴画，或攒着买更大的东西。如果没有控制住，就画一个叉。设立这样一个“制度”后，她的情绪控制有了好转。恰好那段时间我的身体也出了问题，呼吸道经常发炎。有一位老中医说，也许是卧室环境出了问题。于是，我把窗户打开，降低室内温度，所以睡觉时要盖厚被子，但我和宝宝睡得很舒服，她基本上没有再哭闹。我一直以为是情绪控制表的作用，现在看来也许是空气中的光源、温度或化学成分在起作用。

金韵蓉：是的，孩子不会表达时，莫名其妙会哭。其实试着改变一下，便可避免很多恶性循环。因此，情绪空间的能量问题确实非常重要。有的人喜欢把家里收拾得一尘不染，有的人喜欢把客厅弄得特别“包豪斯”，可以极简，也可以后现代，但要绝对舒服，这是核心。可以发挥建筑和室内设计的创意，但必须让别人想要在此停留，否则设计便失去了意义。家居设计师在讲求人体力学、人体工学的同时，也要考虑空间能量设置问题。

您觉得情绪空间的核心元素是什么？

金韵蓉：在情绪空间中，人是要考虑的唯一核心元素。无论家里还是办公室，使用者是人，而不是家具，设计应当以人为本，因此要了解人格特质。人格特质有不同的划分，从能量、思维的角度划分，也可以从精油的角度划分，不同的人格特质对应不同的情绪空间元素。

情绪空间研究的未来趋势是什么？

金韵蓉：人们在满足生活需求之后便追求形而上的东西。因焦虑引发的疾病越来越多，能量疗愈会逐渐发挥作用。很多科学家经过实验已证实，能量对人的情绪形成影响，色彩、香气、音乐等自然疗法是能量的基本疗愈方式，这个领域拥有巨大潜力和机会。

第五节 色彩元素带来最直观的情绪影响

——专访中国流行色协会高级讲师王晓静

您如何看待空间引发情绪反应？比如开心、愉悦、恐惧、幸福……

王晓静：我觉得每个空间是为了某个目的而打造，这个目的可以引发情绪，比如客厅是一家人团聚的场所，人们会感到幸福、放松、愉悦和舒展，而书房则带来安静、充实等情绪反应。空间中的色彩元素带来最直观的情绪影响，例如色相影响整个空间的冷暖基调，明暗对空间的轻柔感形成影响。除此之外，灯光也会影响人的情绪。尤其到了黄昏，室内光照不足，人的情绪低落惆怅。这时，营造合适的光照效果可改变人的心情。同时，空间的整体风格对人的情绪形成影响。古典、美式、田园等不同的空间风格，带给人不同的生活氛围。

最让您惊叹的空间是什么？

王晓静：上海璞丽酒店，雕琢奢华，于低调奢华中尽显雅致与古朴，令我印象深刻。巴厘岛风格的酒店房间带给我与众不同的满足感，香气、花瓣、丝绸纺织品、墙壁挂画等元素烘托出一番独特的异域风情。

夏然：

您觉得情绪空间的设计最应当关注什么？

王晓静：幸福情绪空间应该具有包容性，服务于每个家庭成员，无论颜色还是家具、风格，不过分强调棱角，不过度装饰。如果强调自信可以使用一些鲜艳的黄色，因为黄色可增加人的自信。空间的格局、家具陈设、纺织品面料、色彩等和谐地搭配在一起，让人感觉舒适、不做作、不刻意，自然令人印象深刻。营造静谧的空间，建议选择饱和度较低的浊色，避免空间中出现多种色彩，弱化色彩之间的差异。营造快乐情绪空间，可选择鲜艳明快的色彩，以及充满童趣的图案、装饰物。营造具有安全感的情绪空间，色彩使用方面要有较强的识别性，同时做到“全方位设计”。例如在浴室的墙壁上做一个手扶的凹槽以防滑倒，老人房中避免铺设太过花哨的地毯以免摔倒。此外，墙壁上的标示要清晰，文字或图案不能太小等。

参考文献

[1][英]瓦勒莉·安·沃伍德．芳香疗法情绪宝典[M]．冯凯，译．北京：中信出版社，2014.

[2][荷兰]皮埃特·福龙等．气味：秘密的诱惑者[M]．陈圣生，张彩霞，译．北京：中国社会科学出版社，2013.

[3][日]野村顺一．色彩心理学[M]．张雷，译．海口：南海出版公司，2014.

[4][英]史密斯，佩蒂．音乐疗法[M]．陈晓莉，译．重庆：重庆大学出版社，2016.

[5][英]瓦勒莉·安·沃伍德．芳香疗法情绪宝典[M]．冯凯，译．北京：中信出版社，2014.

[6]吴慎．黄帝内经五音疗疾——中国传统音乐疗法理论与实践[M]．北京：人民卫生出版社，2014.

[7]孟昭兰．情绪心理学[M]．北京：北京大学出版社，2005.

[8]李树华．2015中国园艺疗法研究与实践论文集[D]．北京：中国林业出版社，2016.

[9][美]奥古斯丁．场所优势：室内设计中的应用心理学[M]．陈立宏，译．北京：电子工业出版社，2013.

[10][美]亚当·奥特．粉红色牢房效应：绑架想法、感受和行为的9种潜在力量[M]．陈信宏，译．台北：方智出版社，2013.

[11]程瑞香．室内与家具设计人体工程学[M]．北京：化学工业出版社，2008.

[12]柳沙．设计心理学[M]．上海：上海人民美术出版社，2013.

[13][加]高普，[美]亚当斯．情感与设计[M]．于娟娟，译．北京：人民邮电出版社，2014.

[14][法]布达苏．植物净化术：60种消除污染植物养护指南[M]．邓建芝，译．北京：电子工业出版社，2013.

[15]常怀生．环境心理学与室内设计[M]．北京：中国建筑工业出版社，2000.

[16]卢春莉．设计·心理·生活[M]．广州：世界图书出版广东有限公司，2013.

[17]李泽厚．美的历程[M]．北京：生活·读书·新知三联书店，2009.

[18]吴建平．生态自我：人与环境的心理学探索[M]．北京：中央编译出版社，2011.

[19][日]黑川纪章．新共生思想[M]．覃力，译．北京：中国建筑工业出版社，2008.

[20][英]凯勒．你的家居有多幸福[M]．王金辉，译．上海：上海交通大学出版社，2013.

[21][美]伯恩斯．伯恩斯新情绪疗法[M]．李亚萍，译．北京：科学技术文献出版社，2014.

[22][美]戈尔曼．情商：为什么情商比智商更重要[M]．杨春晓，译．北京：中信出版社，2010.

[23]沈瑞琳．绿色疗愈力[M]．台北：麦浩斯出版社，2010.

[24][美]迈尔斯．社会心理学[M]．侯玉波，译．北京：人民邮电出版社，2016.